建筑 六讲

韩金晨　著

上海人民美术出版社

图书在版编目（CIP）数据

建筑水彩画六讲 / 韩金晨著. -- 上海 ： 上海人民美术
出版社，2021.1

ISBN 978-7-5586-1822-2

Ⅰ．①建… Ⅱ．①韩… Ⅲ．①建筑艺术－水彩画－绘画
技法 Ⅳ．①TU204.11

中国版本图书馆CIP数据核字（2020）第211744号

图文策划　　张旻蕾

建筑水彩画六讲

著　　　者	韩金晨
策　　　划	张旻蕾
责任编辑	潘志明
技术编辑	陈思聪
出版发行	**上海人民美術出版社**
	（上海长乐路672弄33号）
印　　　刷	上海颛辉印刷厂有限公司
开　　　本	889×1194　1/16　9印张
版　　　次	2021年4月第1版
印　　　次	2021年4月第1次
书　　　号	ISBN 978-7-5586-1822-2
定　　　价	88.00元

目 录

前　言

有些人想画水彩画可能是为了工作需要，也可能是为了提高艺术修养，或是为了寻求乐趣。不管是什么原因，学画水彩画是一个很聪明的选择。这是因为以下方面：

首先，水彩画容易上手。你只需要准备纸、笔、颜料、调色板就可以开始你的第一幅水彩画。用水来调颜料，然后涂到纸上，是最自然不过的事，比起油画要容易得多。第二，水彩画能给你最大的乐趣。比起铅笔素描或钢笔画，水彩画以鲜明的色彩取胜；比起油画或丙烯画，水彩画以明快和颜色的流动性取胜（图 0-1）。第三，水彩画具有全面的表现能力。水彩画不仅具有丰富的色彩，而且由于颜色的透明属性，水彩很容易和铅笔画或钢笔画结合成为"淡彩"（Pencil & wash, Pen & wash），使它在表现细节方面优于油画。这一点对于建筑师或者工艺美术设计师尤为重要。在已有的铅笔或钢笔画上加颜色，水彩是最佳选择（图 0-2）。在画水彩画的时候，你也许会发现更多的理由证明你做了聪明的选择。

图 0-1　漓江渔舟　本书作者

图 0-2　铅笔淡彩（局部）　本书作者

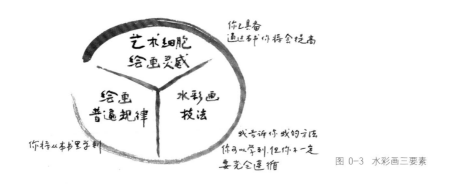

图 0-3 水彩画三要素

现在谈谈怎样使用这本书。首先，不能认为这本书只是讲水彩技法，也不能认为学习水彩画只是单纯地学技法。要画好水彩画需要掌握以下三个方面（图 0-3）：

水彩画技法是容易用文字表达的，因此你可以直接从书里看到。而绘画灵感和绘画普遍规律是渗透在每一部分内容里面的，需要你注意领会。现在我进一步加以说明。第一个方面是艺术细胞和绘画灵感。它渗透在本书的各个部分，需要你去"领会"。你既然选择读这本书，你已经具备这个条件，你肯定能"领会"的，只是要注意到这个方面。第二个方面是绘画基本规律。这是普遍有效的规律，比如取景构图、明暗对比等等。这在本书里予以叙述。但是这些规律的运用是灵活多变的，比如说，可以有多种多样的构图，还可以有例外。因此，你学习的是导则而不是一成不变的教条。这也需要你去"领会"。最后是水彩画技法，诸如怎样渲染、怎样湿接等等。这是最可以用文字表达的内容，你可以学到怎样渐变、怎样湿接、怎样画云。但技法是千变万化、种类繁多的内容，没有一本书能囊括所有的水彩技法，也没有任何一位水彩画家能宣称他的方法是最好的或者是唯一正确的。因此要特别说明：我言传给你的是我喜欢用的方法，是对我行之有效的方法。这里既包括一些不可违反的原则，也包括一些纯属习惯性的偏爱。你不必受这些方法的约束。开始的时候，不妨模仿我的方法，但任何时候你都可以学习其他的方法，或通过你的观察分析和绘画实践探索出自己的方法。

最后，你的问题可能是："我能画好吗？"答案是："你能画好。"我这样说是因为：你既然有兴趣读这本书，你肯定不乏艺术气质，肯定有观察外界事物和描绘外部事物的能力。现在有这本书作指导，剩下的事就是要勤画了。画家们说："You have to make a hundred watercolors before you know how to make one properly." 不过你不要害怕，"画 100 张"是夸张的说法，况且画水彩的过程本身就是很愉快的。你会有成功，也会有失败。但一张画的失败不等于你的失败，因为你从失败里学到了东西，你向成功又靠近了一步。任何大师都有失败的画。你在书里或博物馆里看到都是成功的，因为失败的画没有放到书里或博物馆里。我在莫奈（Claude Monet）家里就看到了不成功的画，有的甚至半途而废，但莫奈仍然是大师。当你终于用湿画法画出美丽的云彩，或用枯笔画出很"帅"的笔触时，那种发自内心的快乐足以抵偿你画画时付出的心血。

现在，你可以从第一讲开始。但是如果你迫不及待要画起来，可以直接到第二讲。如果你已经有整套的水彩用具和足够的基本知识，可以直接到第三讲。有关水彩画的其他知识，诸如水彩画的里程碑等等，可以在有兴趣的时候再读。

第一讲 了解水彩画

一、透明水彩和不透明水彩

    水彩画即用水调颜料所作的画。下图 1-1 是一幅很典型的水彩画，我们暂时不谈它的题材，你在看这幅画的时候会感受到明快和清新。这就是水彩画不同于任何其他绘画的特点，而这个特点的形成就是由于"水"。我们从画里看到了颜色随着水的流动，看到了水痕，看到了由于水调颜料而产生的透明感。我们可以说"水"是水彩画的灵魂。而水彩画的定义就是"用水调颜料所作的画"。

    在水彩画里，"透明"指的是透过颜色能看到纸的表面。尽管我们常常希望水彩画上的颜色透明，但水彩画不限于透明水彩。关于透明水彩和不透明水彩的说明见右上表格。

    当在画面中使用很深的颜色时，透明度就会下降，呈半透明色，因此在透明和不透明之间并不存在绝对的界限。当使用厚水粉或丙烯颜料时是不透明的，显然"不透明水彩"一词比"水粉"更准确。在本书里我们统一使用"不透明水彩"。但是，当我们使用"水彩画"或"水彩"时，它既包括透明水彩也包括不透明水彩。

    实际上在许多水彩画中同时存在透明部分和不透明的部分，当然，还会有半透明的部分。图 1-1 是一幅很典型的水彩画。天空、

		透明度	颜色厚度	水的流动痕迹
透明水彩		透明	0	可看到
不透明水彩（俗称水粉）	薄水粉	半透明	几乎为 0	可看到
	厚水粉	不透明	有明显厚度	看不到

    不透明水彩的英文名称是 Opaque Watercolor，或借用法文 Gouache。严格地说，Gouache 是指广告色，是加了一种树胶的不透明水彩颜料。

图 1-1　两艘船

图 1-2　波修士铜像（局部）

1

云彩、水面都充分体现了水彩的特点——透明性，有颜色的流动；而部分船体和锚杆几乎是不透明的。

在有些水彩画里不透明的部分更大一些。图1-2中天空和建筑是透明的，而铜像和阳台栏杆是不透明的。铜像用不透明水彩使其更具有厚重感。阳台栏杆如果用留空的方法会很费事。

在图1-3中，前景的树木用了不透明水彩。在画水田时可以不必考虑树木的轮廓，然后用不透明水彩画树就是可以很自由，因为树木的颜色会盖住水田。

透明水彩利于表现水彩画的明快的特点。这就是为什么我们经常追求水彩画的透明性。一般而论，凡是可以用透明水彩表现的部分尽量用透明水彩，不透明水彩颜料的使用最好限于小范围。

在图1-4里，大部分面积是透明水彩，小部分面积（船体、锚杆、水面上的高光）用了不透明水彩。

综上所述，我认为在水彩画里不可以使用不透明水彩颜料是一种偏见。不但不透明水彩本身属于水彩，而且在画面的某些部分常需要使用不透明水彩颜料。使用不透明水彩颜料是利用它的几个特点：1. 覆盖性强，2. 有重量感，3. 能调出很微妙的色彩变化。因此使用不透明水彩颜料的部位常常是：1. 在大面积涂色的中间会有小

图1-3　水田（局部）

面积的需要强调的部分，比如高光，人的面部或服装，在背景前面的零散的树枝、树叶。画背景时为这些部分留空有时很困难，而在涂色后用不透明水彩颜料来画却很容易达到目的。2. 画面中强而暗的前景。

从上色技法角度来说，不透明水彩画的一个优点是颜色干燥过程比较徐缓，因而在纸上调色或色上加色比较容易掌握。

图1-4 船的倒影

二、水彩画的各种风格

水彩画的风格多种多样，在几页纸上不可能包括各种风格的水彩画，这里我们只浏览一些以建筑或风景为题材的水彩画。

（一）写实和写意

有些水彩画为了某种目的需要把对象刻画得非常真实。有些水彩画则以表达意境为主，这时画面可以略夸张，细部可以简化。作为建筑或风景的水彩画，即使以表达意境为主要目的，仍然应当力求形状正确。比较一下图1-5的两幅画：左面一幅是绝对写实的，

下笔比较拘谨，即使树木也刻画得很真实；右面一幅是以写意为主，下笔很自由，不求物体的精确。采用哪种风格取决于画者的目的和喜好。

（二）不同的繁简程度

在水彩画里描绘物体可以非常精细，也可以高度简化。这里我们暂且不谈"技术水彩"（关于技术水彩见本节第六小部分）。图1-6展示了两幅不同繁简程度的水彩画。

图1-5　写实和写意的比较

图1-6　精细刻画和高度简化的比较

1-6上图是经典的水彩画，它展示了画家的功力。现代画家很少花时间和精力画这种风格的水彩画。下图的画家对物体做了高度的概括，画面展现另一种简练的美。

一般情况下，尤其是在初学阶段，我们暂时不建议"走极端"。而图1-7正是处理适中的水彩画：对重要部分做比较精细地描绘，次要部分则给予简化。这样使画面有简和繁的对比。

（三）不同程度的水感

一般来说水彩画应当表现水感，然而表现水感的程度随表现的对象而各有区别，同时也随画家的偏爱而不同。图1-8对比了两幅水分不同的水彩画。左图的画家在画地面时使用大量的水，我们可以看到颜色的流动感，这无疑是很成功的处理。右图的画家采用很不同的处理方法，在涂色时不使用很多的水，不强调颜色的流动，但画面仍然有十足的水彩味。

图 1-7　雾中伦敦

图 1-8　不同水感的水彩画

图 1-9 斯德哥尔摩（Stockholm）市政厅

应当说，1-8 右图的手法不是很容易掌握。我们在作画时应当针对不同物体而掌控不同的用水量。图1-9中天和云使用了较多的水，利用颜色的流动把云表现得很好。建筑物也使用了适当的水，但不强调颜色的流动感。其他部分则不需要使用很多的水。

（四）强反差和弱反差

水彩画画面的明暗反差可以处理得很强，也可以处理得很弱。一般说来，强反差的画面容易吸引人们的注意，也比较容易博得人们的好感。但弱反差的画面更利于表现物体的细节，也给人一种淡雅的感觉。可以比较一下图 1-10 中的左右两图。

采用什么样的反差处理一方面是要根据描绘的对象的真实情况，同时又取决于画家的意图。在一般的情况下，不妨把画面的兴趣中心处理得反差强些，其余部分反差弱些（图 1-11）。

图 1-10　具有不同明暗反差的水彩画

图 1-11　乌兰布统草原

7

（五）色彩的丰富程度

　　水彩画可以使用很丰富、甚至鲜艳的色彩，也可以使用克制的、低调的色彩处理。两种处理方法并没有优劣之分，如果处理得当，两者都可以取得良好的效果。使用鲜艳的色彩可以使画面活跃，但要特别注意色彩之间的协调，否则会使画面凌乱甚至完全被破坏。这种色彩处理在经验不充分之前要慎用。相对之下，采用克制的、低调的色彩处理是比较安全的。但若掌握不好（比如说明暗对比也很弱，或物体轮廓不明确），画面会流于沉闷。一般情况下，你可以采取适中的方法：只在重点部分使用鲜明的色彩，其余部分采取低调的处理。

　　我们来看一下图 1-12 的三个图例：

　　A：几乎是单色的水彩画，只在少数物体上使用了含蓄的色彩，画面非常和谐；

　　B：使用了很鲜艳的色彩，显得过分鲜艳，不够和谐；

　　C：使用了鲜艳的色彩，但仍注意到色彩之间的关系，画面和谐。

　　图 1-13 是一个折中的实例。画面里大部分物体都呈现低调的色彩，只在塔顶使用了鲜艳的色彩。这种处理容易使画面取得协调，又避免画面流于单调。

　　以上所讲的是画面风格的几个基本方面。选择什么样的风格既取决于要表现的对象，也取决于画家的意图。如果你想忠实地表现对象，不妨采用中性的风格。如果你是为了寻求乐趣，在风格上就可以随心所欲一些。

图 1-12　不同色彩处理的水彩画

图 1-13 流血教堂

图1-14　维也纳城市公园小桥　建筑师：Friedrich Ohmann 和 Joseph Hackhofer

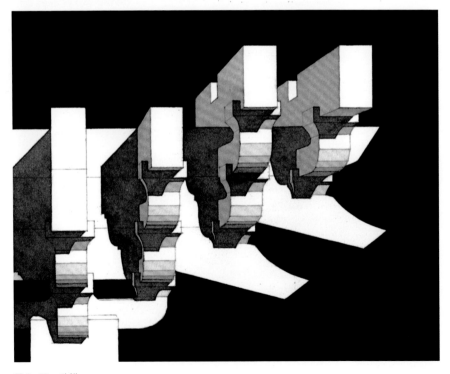

图1-15　斗拱

（六）技术水彩

当我们需要用水彩精确地表现对象时，我们可以使用必要的技术手段——比如渲染、喷笔（见第三讲"基本技法练习"），甚至绘图工具，如直尺、模板。这样的水彩被称为"技术水彩"。这是一种手法，同时也是一种风格。大多数艺术家不一定愿意花时间和精力画技术水彩，而这种手法和风格对于建筑师或工艺美术设计师非常重要。这里先做概要介绍。

图1-14是技术水彩的一个实例。这幅作品准确地描绘了建筑的真实情况。在这幅画里我们可以看到几个特点：1.建筑轮廓绝对准确，2.画面采用弱的明暗对比，3.不追求过多的色彩变化，4.对建筑细部进行了详尽的刻画。

这幅画创作于1900年前后，它反映了那个年代的建筑师的品味和绘画能力。技术水彩是描绘建筑细部的最佳表现手法。图1-15和图1-16是典型的实例。

第三讲"基本技法练习"里包括技术水彩使用的上色技法。第六讲"水彩画作品赏析"里会包含更多的技术水彩作品。

图 1-16 Leopolda 别墅

三、水彩画的里程碑

在这里，我无意系统地研究水彩画发展史，但介绍水彩画发展过程里的一些重要里程碑，对我们了解水彩画会很有帮助。

人类用水调颜料作画可以追溯到远古时代，但真正和我们当今的水彩画有直接联系的早期水彩画是从文艺复兴时期开始的。德国杰出的画家丢勒（Albrecht Durer，1471—1528）被认为是早期水彩画的代表人物。丢勒不仅有很多油画名作、版画名作，他也画了很多水彩画，还有很多钢笔淡彩画（图1-17）。

文艺复兴的大师们的许多淡彩画（Pen & Wash）是在"钢笔画"的（广义的Pen，早期是鹅毛笔或金属针）基础上加水彩。这种画风一直延续到17、18世纪（图1-18）。这种画常被归在钢笔画（广义钢笔画）里，但我们可以看到其中水彩的成分是很高的。

图 1-17　因斯布鲁克（Insbruk）风光　丢勒（画家头像为本书作者绘制）

图 1-18　文艺复兴时代及17、18世纪的淡彩画举例。左一是伦勃朗的钢笔淡彩。

水彩画最重要的里程碑是在 18、19 世纪的英国。这个时期，随着经济的蓬勃发展，英国涌现了许多杰出的水彩画家。他们不仅把水彩画带到了新的高度，而且直到现在仍然是我们的楷模。图 1-19 至图 1-27 列举了重要的代表画家和他们的作品。

图 1-19　吉尔频（William Gilpin，1724—1804）作品（画家头像为本书作者绘制）

图 1-20　桑德比（Paul Sandby，1730—1809）作品（画家头像为本书作者绘制）

图1-21 格廷（Thomas Girtin，1775—
1802）作品（画家头像为本书作者绘制）

图1-22 透纳（WilliamTurner，
1775—1851）作品（画家头像为本
书作者绘制）

14

图1-23 康斯泰勃（John Constable，1776—1837）作品（画家头像为本书作者绘制）

图1-24 考特曼（John Sell Cotman，1782—1842）作品（画家头像为本书作者绘制）

图1-25　普劳特（Samuel Prout，1783—1852）作品（画家头像为本书作者绘制）

图1-26　普劳特作品（画家头像为本书作者绘制）。笔者特别喜爱普劳特的水彩画，故选了两幅。

图1-27　伯宁顿（Richard Parkes Bonington，1802—1828）作品（画家头像为本书作者绘制）

英国经典水彩画的传统为当代英国水彩画家所继承。画家伊恩·拉姆齐（Ian Ramsey，1948— ）是其中杰出的一位（图1-28）。

同时，英国经典水彩画也影响了世界各国的水彩画家。美国的著名画家萨金特（John Singer Sargent，1856—1925）除了有很多杰出的油画作品之外，也有很多水彩作品（图1-29）。

图 1-28　水彩　伊恩·拉姆齐

图 1-29　威尼斯风景　萨金特

在这里想特别讲一下美国著名的水彩画家考茨基（Theodore Kautzky，1896—1953），他是出生在匈牙利的建筑师，他的水彩画和铅笔画都非常杰出，并且对世界各国画家和建筑师都有很大影响（图1-30）。

安德鲁·怀斯（Andrew Wyeth，1917—2009）是另一位有影响力的美国水彩画家（图1-31）。

西方的水彩画传入中国是在清初。清康熙年间，意大利传教士郎世宁（原名 Giuseppe Castiglione，1688—1766）把西方建筑和绘画带到了中国，并成为清宫廷画师。他学习使用中国彩墨画的方法作画，同时又融入了西方水彩画的画法（图1-32）。

图1-30 村景 考茨基

图1-31 克里斯提娜的世界
安德鲁·怀斯

图 1-32 百马图（局部） 郎世宁

图 1-33 游园 张眉孙

图 1-34　中山公园　关广志

图 1-35　风景　李剑晨

图 1-36　佛罗伦萨　张充仁

　　此后，一些英国水彩画家来到中国，西方的水彩画开始在中国生根。

　　中国早期的有影响力的水彩画家包括张眉孙（1894—1973）、关广志（1896—1958）、李剑晨（1900—2002）、张充仁（1907—1998）（图1-33～图1-36）。

　　在这一代水彩画家里，关广志先生是最有影响力的一位。关先生年轻时到英国学习水彩画并开创了自己独特的画风。20世纪50年代初，他在清华大学建筑系任教，对清华大学建筑系师生，以及中国的水彩界影响很深。我虽然没有机会得到他的教导，但在学生年代对关先生的画钦佩之至，并临摹过许多幅。我家里收藏有关先生的一幅原作《中南海风景》，但在20世纪60年代遗失，画作内容至今还留存在我的脑海里。

虽然早期的大师们都和西方绘画有不解之缘，但在20世纪50年代，中国和西方的文化交流是很有限的，因此中国的水彩界对西方水彩画的了解也很有限。当时中国和苏联的文化交流非常密切，正是这个时候，苏联的水彩画家克里马申（Victor Semenovichi Klimashin，1912—1960）很走红，并且来到中国及其他几个亚洲国家访问写生。因此克里马申当时对于中国水彩界的影响很大，建筑系的学生对他崇拜有加（图1-37）。

1963年，中国美术馆举办了英国水彩画展览，这次展出的英国水彩画对于中国画界是一个很大的震动——原来水彩画可以达到如此高的水平。当时展出的某些水彩画到现在我还记忆犹新。

在这个展览之后，中国出版了两本画册：《英国水彩画选集》和《现代英国水彩画选集》。尽管当时的印刷质量很不好，但是读者能买到这样的出版物已经很满足了。《英国水彩画选集》中收集了一些非常传统的水彩画，比如一幅画是战场的场面，里面有上百个人物和马匹。《现代英国水彩画选集》收集的画并不是我们现在所说的"现代派"的画作，基本上仍然是传统的，只是手法稍微新一些。其中一幅《雨天》很多人爱不释手，不少人拿来临摹，这幅作品还被刊登在其他出版物里（图1-38）。

图1-37　克里马申和他在北京故宫的写生作品

图1-38　《现代英国水彩画选集》和捷尔里·里奇的作品《雨天》

改革开放之后，中国的文化艺术界有机会和世界各国进行充分的交流。新一代的水彩画画家们基本上融入了世界的潮流，和老一代相比，新一代水彩画家在技法上更为开放（图1-39）。

图1-39　20世纪80年代以后的中国水彩画

20世纪后半叶，图外的水彩画技法有了新的发展。虽然我们可以说18世纪到20世纪，水彩大师们的艺术修养和基本功几乎是达到了顶峰，我们也不可否认新一代的水彩画家使水彩画更多样化，而且在技法上也有创新（图1-40）。有两位活跃在当代的水彩画家值得一提：兹布克维克（Joseph Zbukvik，澳大利亚，图1-40第三幅）和卡斯塔格内特（Alvaro Castagnet，澳大利亚籍乌拉圭人，图1-40第四幅）。

图 1-40　现代水彩画举例

21世纪的一些水彩画有着明显的印象主义的特点。不仅手法新颖，画面的意味也给读者别具一格的感受。然而这些水彩画并不背离绘画的章法（图1-41）。

　　值得一提的是英国当代水彩画画家约翰·亚德利（John Yardley，1933— ）。他的画不刻意表现水分，然而又明显地让读者感觉到水彩画的风味。从他的画里我们也看到英国水彩画在三百多年里有了多大的发展。

　　然而风格的多样化和技法的发展并不是艺术的最本质的东西。衡量水彩画的发展，最根本的是要衡量它的艺术价值。从这个意义上来说，18、19世纪的传统英国水彩画将永远立于不败之地。那个时期恰恰是维也纳古典主义音乐的盛期，这也许是巧合，但更可能是文化艺术的同步。今天的音乐比贝多芬时代丰富多彩，但再也不会有音乐家达到贝多芬的艺术水平。绘画，包括水彩画在内，也是一样。

　　今后水彩画在风格上、技法上肯定还会有新的发展，而且有些新发展可能就发生在你的笔下。但只有在健康的轨道上才是"发展"。在过去和现代都有不少不健康的"水彩画"，它们不值得一提，而且不健康的倾向都会是短命的。本书的一个基本点就是要给读者提供一个健康的轨道。

图1-41　印象主义的水彩画

第二讲 用品和色彩知识

一、水彩画用品

（一）水彩纸

纸是最重要的，没有合适的纸不可能画出好的水彩画。

常用的水彩纸按纸面分为三类（图 2-1、图 2-2）：

1. 热压水彩纸。这种纸有平整的纸面。我们一般不常使用这种水彩纸画水彩画，但它适用于技术水彩，因为只有平整的表面才能非常均匀地上色，刻画很精细的局部也需要平的纸面。

2. 冷压水彩纸。此类纸具有比较粗的纸面。这是大部分人都在使用的水彩纸，也是商店里最常见的水彩纸。

3. 粗面水彩纸。此类纸具有很粗的纸面。粗面纸可以使画面更有韵味，但不利于表现细节。如果作品不需要表现细节，可以用这种纸。有的粗面纸颗粒小而起伏大，我个人更喜欢颗粒大而起伏小的粗面纸。

一般的水彩纸有三种厚度：90 磅（每平米 190 克）、140 磅（每平米 300 克）和 300 磅（每平米 638 克）。大多数情况下 140 磅的纸足够了。如果裱纸（裱纸方法见后文），用 90 磅的纸也完全可以。如果用 300 磅的纸，可以不裱纸，只用胶条把纸固定在画板上。

水彩纸板是厂家把水彩纸裱在厚纸板上，涂色时纸板基本上不会变形，因此使用时不需要裱纸。

选用水彩纸时，除了考虑纸面和厚度之外还要注意纸的吸水性，既不要选择吸水太快的纸，也不要选择吸水太慢的纸。还要注意纸的耐洗性，因为画画的过程中有时会需要修改。

Arches 牌的水彩纸是很好的纸，在大城市里一般可以买到。其他种类的水彩纸的供应因地区而异。建议先买少量的纸试用。

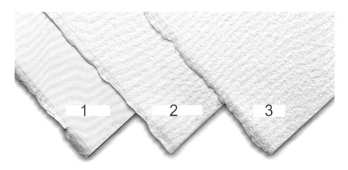

图 2-1　水彩纸：1.热压水彩纸，2.冷压水彩纸，3.粗面水彩纸

图 2-2　三种水彩纸的涂色效果：1.热压水彩纸，2.冷压水彩纸，3.粗面水彩纸

裱纸:

在纸上画水彩画会使纸翘曲。虽然有机器能把完成的水彩画压平，但是更重要的是在画的过程里要使纸保持平面，否则上色会困难。如上所述，如果你用 300 磅或更厚的纸就不需要装裱，如果使用 140 磅或 90 磅的纸，最好把纸裱在画板上。

裱纸步骤:

1. 在纸上涂水，使纸膨胀。可一直在纸的正面涂水，也可以在纸的两面都涂水。

2. 在纸的背面周边涂胶或浆糊。如果在纸的背面涂了水，先用纸巾把周边擦干再涂胶或浆糊（图 2-3）。

3. 把纸裱到画板上。在周边施压，使涂有胶或浆糊的周边紧贴在画板上。

4. 在纸的正面再涂水，在胶或浆糊干之前保持纸是湿的。

5. 等待纸干燥，纸面会很平。在裱好的纸上画水彩时值仍然是平的，因为画水彩时上的水比裱纸时涂的水少（图 2-4）。

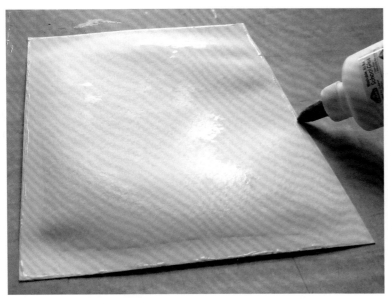

图 2-3　在纸的的背面周边涂胶

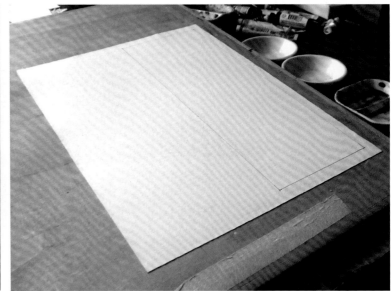

图 2-4　裱好的纸呈很平的平面

（二）水彩笔

水彩笔名目繁多，但不必样样具备，只根据自己的习惯选用几种不同粗细的笔就可以了。当你遇到特定情况时，再根据情况的需要去买特殊的笔。

在大多数情况下我们都使用圆头笔，"圆头"是指笔头的截面是圆的，另一种比较常用的水彩笔是扁头笔（图 2-5）。水彩笔按粗细有国际标准编号。水彩笔的编号和实际粗细见图 2-6。

实际上我们常用的是 2 号到 12 号之间的笔。作为初学者，可以先购置几支圆头笔，如 2 号、5 号、8 号和 12 号。在画的过程中再根据需要添置其他的笔。一枝宽的扁头笔可能是需要的。

中国传统的毛笔有一些很适合画水彩画。一般来说，最好选用笔毛较硬的，如狼毫笔。但也有些情况下需要软的毛笔。中国毛笔种类繁多，而且特性各异，需要你试用才知道是否适用。任何情况下，笔必须有笔锋，否则涂小面积或画细线时会有困难。在使用一定时间后笔锋会磨秃，这时就要换新笔。

图 2-5　形形色色的水彩笔，右侧是圆头笔

圆头笔

编号		直径
4/0	0000	0.3mm
3/0	000	0.4mm
2/0	00	0.6mm
0	0	0.8mm
1		1.2mm
2		1.6mm
3		2.0mm
4		2.4mm
5		3.0mm
6		3.2mm
7		3.6mm
8		4.0mm
9		4.8mm
10		5.6mm
12		7.2mm
14		8.0mm
16		9.5mm
18		12.0mm
20		14.2mm
24		17.4mm

扁头笔

编号	直径
0	0.8mm
1	1.2mm
2	2.4mm
3	3.2mm
4	4.0mm
5	4.4mm
6	4.8mm
7	5.5mm
8	6.4mm
9	7.2mm
10	8.0mm
12	9.5mm
14	12.7mm
16	14.2mm
18	17.4mm
20	20.6mm
24	25.4mm

图 2-6　圆头笔和扁头笔的编号

（三）水彩颜料

水彩颜料牌子很多。在国际上有几种牌子很受好评，比如 Daniel Smith、Schmincke。好的颜料颗粒细，涂在纸上色彩持久。但对大多数人来说，只要不是最差的颜料，都可以满足要求。国产的马利牌水彩颜料和中外合资的温莎－牛顿（Cotman 系列）完全可以满足一般要求。

要注意的是同一个牌子的颜料，不同颜色的质量是不同的。你要自己去试。如果某个颜色的颜料质量不好（颗粒粗，或产生沉淀），就要去买其他牌子的颜料。

不同牌子的某些颜色的颜料混合时会有沉淀，在上色之前要在另一张纸上试一下。

（四）调色盘

对调色盘不必苛求，但我认为图中这种类型很适用（图 2-7）。这种调色盘有很多小隔断，可以放很多种颜料。中间的平板部分又足够调色用。

现在由于数码相机和手机很普遍，很多人在外面拍照后在家里画水彩。这种情况下可以使用若干个小瓷碗来调色，作为调色盘的辅助。

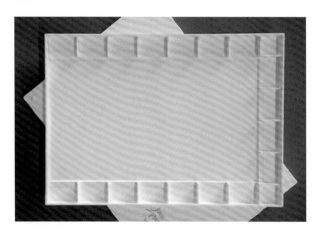

图 2-7　调色盘

（五）其他用品

铅笔、橡皮、海绵、餐巾纸等可以根据作画需要准备。

二、色彩基本知识

在画水彩画之前我们先浏览一下最基本的、与水彩画直接有关的色彩知识。如果你愿意了解更多，可以参阅有关色彩理论的书籍。

（一）色彩的基本属性

色彩有三个基本属性：色相、明度和纯度。

"色相"是指不同的颜色，从红到紫，有时也被叫作"色素"。

"明度"是指颜色的明暗程度，也可以通俗地理解为一个颜色的深浅程度，比如从深红到浅红是明度的变化。

"纯度"是指颜色的含灰的程度。完全不含灰的颜色是纯的颜色，效果强烈；含灰的成分越大，纯度就越低，效果越含蓄。

红、黄、蓝是三个原色，用三个颜色可以调出其他颜色。调出来的颜色被称作中间色。各种颜色调到一起就得到灰色。以圆心为对称的两个颜色是互补色。两互补色调在一起也得到灰色（图 2-8）。

每个色相都可以有不同的纯度。但不同色相可达到的最高纯度是不一样高的，因为不同的色相本身的纯度就有差别。显然，原色可以达到最高的纯度，中间色可达到的纯度比原色的要低一些。而灰色就不可能达到高的纯度（图 2-9、图 2-10）。

每个色相都可以有不同的明度。任何色相达到最高的明度时就成为白色。而不同色相可达到的最低明度是不一样的，因为不同色相本身的明度（深浅）就有差别。显然黑色可以达到最低的明度，蓝色或紫色能达到比黄色更低的明度。图 2-11 是几种不同色相的明度范围。

这个知识在画单色水彩的时候很有用，因为我们会选一种跨越很大的明度范围的颜色来画，同时又希望颜色比较含蓄，所以我们常会选墨绿或深褐。既然色彩有三个属性，我们可以用三维坐标来

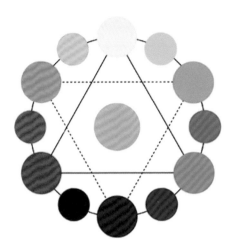

图 2-8　原色和中间色

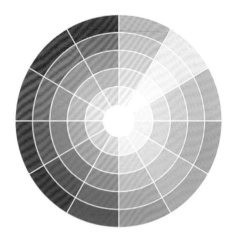

图 2-9　色环（沿着圆周分布着不同色相，从图周到圆心颜色的明度逐渐增大）

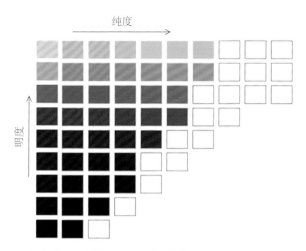

图 2-10　一个色相的明度和纯度变化

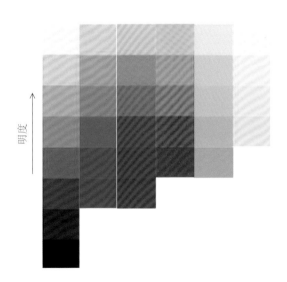

图 2-11　不同色相的明度范围

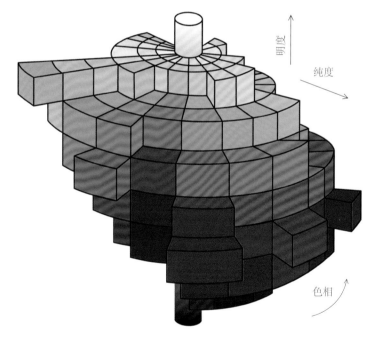

图 2-12　色彩三维模型

表示，这就形成了色彩三维模型（图2-12）。色彩三维模型帮助我们理解色彩的三个属性、不同色彩具有不同的明度范围和不同的纯度范围。

（二）暖色和冷色

某些颜色给人以温暖的感觉，比如红色、黄色，我们称之为暖色。另一些颜色给人以寒冷的感觉，比如蓝色、青色，我们称之为冷色。

暖色和冷色的范围见图2-13。

看这幅图要注意两点：一是不同的暖色暖的程度不同，不同的冷色冷的程度也不同；二是暖色和冷色的没有绝对的范围，有些颜色介于暖色和冷色之间，给人不暖也不冷的感觉，被称为中间色。

大多数画面上都会既有暖色也有冷色。暖色为主的画面呈现出暖调子，冷色为主的画面呈现出冷调子。一般说来，暖调子画面容易给人愉快的感觉，冷调子画面给人宁静的感觉。一幅画是采用暖调子还是冷调子取决于画家要表现的气氛（图2-14）。

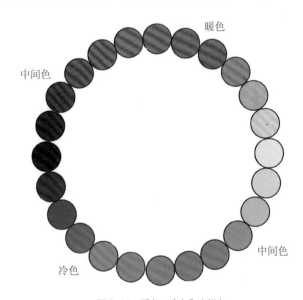

图2-13　暖色、冷色和中间色

图2-14　不同色调处理：A.宁静的气氛，B.欢快的气氛

第三讲 基本技法练习

技法是为表达内容服务的，但技法本身也是人们欣赏的对象。在铅笔画里我们不仅欣赏画的内容，也欣赏笔触；在钢笔画里我们欣赏线条的美；在水彩画里我们欣赏"水感"。水彩画最受人喜爱的特点——明快，主要就是由"水感"来营造的。

一、表现水感

水彩画技法的核心就是对水的掌握，或者说通过对水的运用赋予画面以"水感"。"水感"常常通过以下方法来实现。具体的操作将在下一节讨论。

（一）透明

水彩画的透明是指透过颜料能看到纸面。使用透明水彩颜料作画时画面就基本上是透明的。但所谓"透明水彩颜料"并不是绝对透明的。透明度受几个因素的影响。

优质的颜料透明度高，不同颜色的颜料透明度也不同。比如普蓝色的颜料常具有很高的透明度，而土黄和土红常常透明度较低（不妨检验一下你用的颜料）；涂在纸上的浅颜色比深颜色透明度高；一次涂色比重复涂色透明度高。

所以透明不是绝对的。如前所述，一个画面上会有很透明的部分、略微透明的部分、半透明的部分，还可能有不透明的部分。我们的目标是使画面尽量地透明（图3-1）。

（二）颜料的流动

上色前先上水，上色时颜料就会流动。在水分蒸发之后，我们还能明显地看到这种流动的痕迹。这是表现水感的最重要的途

图 3-1 荷兰的风磨

径（图 3-2）。

（三）水痕

在上色的区域的边界处会自然地形成水痕。有时我们想设法避免水痕的出现，有时却可以利用它表现水彩的特点，给画面带来趣味。在半干半湿的颜色上涂水或涂含水量大的颜色可以产生明显的水痕（图 3-3）。

（四）沉淀

用某些颜料调色会产生沉淀。有时我们想设法避免，但有时我们有意利用沉淀造成特定的质感，同时也表现了水彩的特点。另外有专门的沉淀剂，被用来和颜料调在一起，产生明显的沉淀(图 3-4)。

很明显，以上谈到的技法都围绕着水，这也是水彩画特有的技法。

图 3-2　颜料的流动

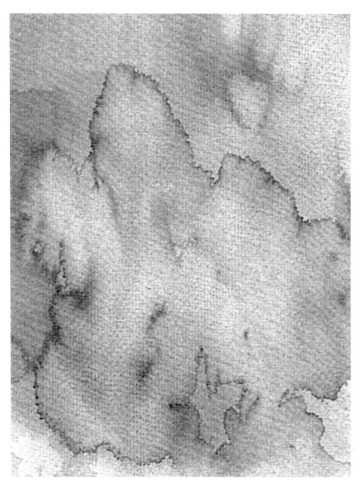

图 3-3　水痕

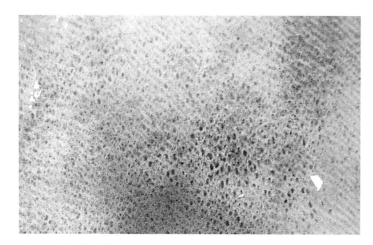

图 3-4　颜色沉淀的效果

二、各种上色方法

水彩画上色的方法多种多样，而且不同的水彩画画家会有不同的方法。任何书都不可能包罗所有的上色方法，但有些最基本的上色方法是大多数人常用的。下面就介绍这些基本的上色方法。

（一）平涂

先调配好足够的颜色。如果平涂面积比较小，你可以直接涂色。如果面积比较大，先上清水再涂色比较安全。一般情况下，水彩画里的平涂并不要求颜色绝对均匀。如果要求颜色绝对均匀，就要用渲染的方法（图3-5）。具体的渲染方法将在后面介绍。

（二）一种颜色明度渐变

先上水，然后计划在颜色最深的部位涂色。利用颜色的自然流动得到颜色的渐变。如果依靠自然流动得到的颜色的渐变不够理想，可以用画笔搅动，使颜色变化均匀，或按画家计划的方式渐变（图3-6）。

依靠自然流动而得到的不均匀的渐变使画面有生动的效果，这常常是我们希望的（图3-7）。如果希望得到绝对均匀的渐变，可以采用渲染或喷笔的方法。我们将在后面介绍渲染和喷笔。

（三）局部渐变

有时我们需要颜色在局部位置渐变，而在其他部位有明确的边界，比如有云的天空(图3-8)。这种情况有两种处理方法：1.先上水，在水分半干半湿的瞬间涂色。这种方法能取得生动的效果，但渐变的部位很难控制——有时这不是问题。2.先涂色，在该留空白的部位留空白，在颜色未干之前，在需要渐变的部位用水造成渐变。这种方法可以准确地选择渐变的位置。使用这两种方法都要注意把握好时机。

图 3-5　平涂

图 3-6　一种颜色明度的渐变

图 3-7　依靠颜色自然流动得到不均匀的渐变

（四）两种颜色湿接

在水彩画里常用湿接的方法使一种颜色过渡成为另一种颜色。湿接用于给一个有颜色变化的物体上色，也用于给相邻的不同颜色的物体上色，因为有时我们需要把相邻物体的边界画得模糊一些。两种颜色湿接本身就意味着颜色的流动，所以湿接很有助于表现水感。

湿接的两种颜色的含水量要基本上相同。如果颜色 A 的含水量大于颜色 B 的含水量，在湿接的时候颜色 A 就会侵入到颜色 B 里面去并形成水痕。

如果两种颜色的含水量相近，而且含水量不很大，颜色的过渡区就不很宽（图 3-9）。如果需要使两种颜色在较宽的范围里逐渐过渡，可以提高两种颜色的含水量，还可以用画笔帮助颜色进行混合（图 3-10）。

（五）颜色的重叠

在已经干了的颜色上加第二种颜色。在透明水彩里，透过第二色仍然可以看到第一色，这种情况接近于混色的效果（图 3-11A）。如果第二色是很深的颜色，就可以把第一色盖住。在浅颜色的背景上画深颜色的轮廓复杂的物体就可以利用颜色的重叠，这种情况下给背景上色时很自由，在背景上给物体上色时也很自由（图 3-11B）。

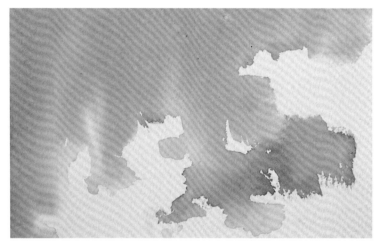

图 3-8　局部渐变

图 3-9　两种颜色湿接湿接：两种颜色含水量相同，过渡区不宽

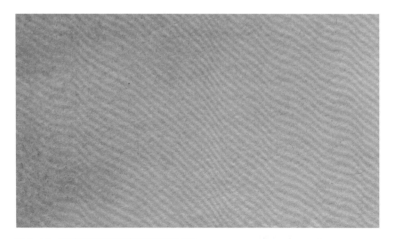

图 3-10　两种颜色在较宽范围里逐渐过渡

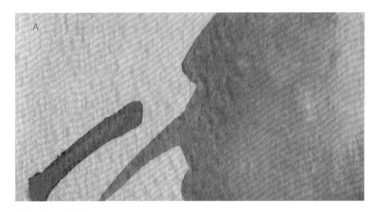

A

B

图 3-11　颜色的重叠

（六）湿色上加色（简称湿中湿）

如果在已有的底色上加第二色，但需要第二色没有非常清楚的边界，就要在底色未干之前加第二色，有人将其称之为湿中湿。然而未干的底色的湿度和第二色的湿度是要精心掌握的。一般情况下，第二色要比未干的底色更浓、更干一些，这时第二色在底色上只有少量的扩散（图 3-12）。

如果第二色比底色更湿，第二色在底色上的扩散就会失去控制，并且把一部分底色向外驱赶，形成水痕。一般我们要避免这种情况，

除非有意要做成这种效果（图 3-13）。

（七）笔触

在画面上暴露笔触是使画面生动并提高绘画表现力的一个手段。使用笔触要根据所画的对象，在该暴露笔触的部位暴露笔触。笔触要自然才会美。笔触必须是一次画出来的才是自然的。图 3-14 给出一些画面里的笔触作为参考。

图 3-12　在湿的底色上加较干的第二色

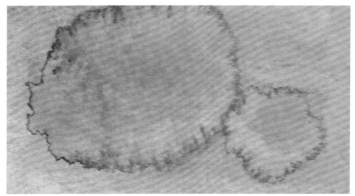

图 3-13　在湿的底色上加更湿的第二色会造成水痕

图 3-14　画面里暴露出的笔触举例

（八）枯笔

枯笔是在运笔的过程里自然地留出不规则的空白，枯笔的手法很能使画面生动有趣。运用枯笔手法时要用比较软的画笔和比较浓稠的颜料。较软的画笔在接触纸面的时候对纸面的压力小，使得部分纸面接触不到画笔。运笔的速度也影响枯笔的效果，运笔快则纸面上出现空白的机会多（图 3-15）。

（九）擦洗

需要修改画面时可以把已经涂上的颜色擦掉。如果颜色还没有干，可以用餐巾纸把颜色擦掉。餐巾纸的优点是擦掉颜色的同时也把颜色吸到纸里。如果颜色已经干了，就要用海绵擦洗。首先用画笔在需要擦掉的部分涂上水，并可以试用画笔擦掉一部分颜色，然后用湿的天然海绵把颜色擦掉。擦洗时使用中等压力可以使纸面不被擦坏。待纸面干燥后可以重新涂色（图 3-16、图 3-17）。

有时不是为了修改，而是有意先涂颜色，然后擦洗出空白。这样比事先留空白方便。如果需要擦洗的面积比较小，可以使用湿的餐巾纸。用折叠的餐巾纸的角部可以擦洗出细线。

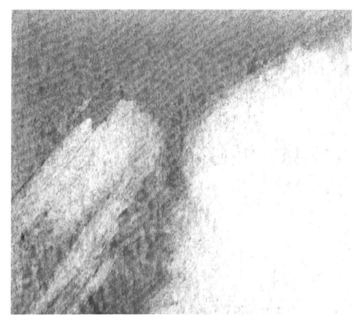

图 3-16 用海绵擦洗掉颜色

3 15 枯笔效果

图 3-17 用餐巾纸擦掉未干的颜色

（十）渲染

渲染法是在要涂色的面积里逐条上色，使颜色均匀地沉积在纸上。这个方法主要用于技术水彩，但也不排除用于一般水彩画。

最简单的渲染是平渲。

平渲的方法：将图版调到适当坡度，先渲大约 5 毫米宽的一条色带，在颜色很湿的状况下渲下一条色带，如此重复。每次涂色时用笔上下搅动，使颜色和前一条色带均匀混合。

用渲染的方法可以做非常均匀的渐变。渐变的方法和平渲相似，但下一条色带使用略深的颜色。为此，使用两个容器，容器 A 放清水，容器 B 放颜料，每次将容器 B 里的少许颜料加到容器 A 里。

经常在一块面积上要重复渲染几遍才能使色彩或色彩的变化非常均匀。熟练之后可以做到只渲染一两遍就取得满意的效果。

见图 3-18、图 3-19 平渲和渐变的练习，以及图 3-20 的单色渲染练习举例。

图 3-20　单色渲染练习举例

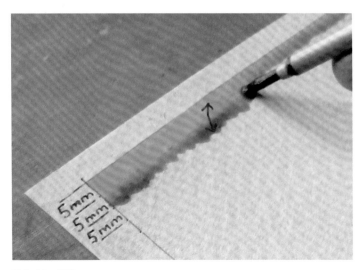

图 3-18　平渲

图 3-19　渐变

两种颜色渐变的练习：在一块面积里渲染，使得从一端到另一端颜色从第一色渐变到第二色（图3-21）。

根据渲染的面积估计好颜料的用量。从第一色开始，逐渐加入第二色，最后容器里的颜料成为第二色。或者使用第三个容器来混色，使第一色和第二色的容器里保持原来的颜色。

图3-22的结果是渲染三次得到的。

还可以使用喷笔（Airbrush），喷笔是另一个均匀上色的方法。这个方法主要用于技术水彩，在一般水彩画里很少用，但不排除有使用的机会。

使用喷笔时要调节以下几个因素。颜色溶液的浓淡，颜色溶液喷出的流量，喷笔和画面的距离，喷笔移动的速度。在不熟练的时候，先把流量调小，拉大喷笔和画面的距离。通过练习你会根据各种场合熟练地进行不同的调节。

喷色之前把画面上不准备喷色的部位用保护膜盖起来，用锋利的刀片切出准确的边界。喷色完成后揭下保护膜（图3-23、图3-24）。

喷笔的另一个妙用是在画面完成之后调节画面的总体色调。比如，在完成一幅画之后希望整个画面色调更暖些，这时给许多部位加色或重新上色已非常困难，用喷笔给画面喷一些中黄或橘黄可以很容易地取得想要的效果（图3-25）。

掌握了这些基本上色方法，就可以开始画水彩画了。

图3-21　两种颜色渐变渲染

图3-22　两种颜色渐变渲染练习

图 3-23　用喷笔喷天空

图 3-24　喷完天空后将建筑物上的保护膜揭掉

图 3-25　完成的画面

第四讲 开始作画 —— 比较简单的题材

一、复习素描关系

我们在铅笔素描课里学到的规律是一切绘画的基本规律，平时我们称之为"素描关系"。它包括形状、体积、明暗和光影、虚实、质感。现在我们简单复习一下：1.形要准确；2.要表现出物体的立体感；3.画面上各部位之间的明暗关系要正确，如最暗、次暗、再次暗、较亮、更亮、最亮；4.画面上各部位的虚实处理要正确，比如近景要实，远景要虚，主要对象要实，次要物体要虚；5.表现出不同材料的质感。在画水彩画时我们要牢记上面的这些规律，不同的只是我们要加上水彩颜色。

二、作画的基本考虑

（一）临摹或写生

在练习的时候两者各有千秋。临摹优秀的水彩画可以使你有机会直接模仿画家的处理方法。临摹的时候就要想到：当我写生的时候，也可以这样画天、画树……写生时你直接观察立体的对象并把对象画到画纸上，上色的处理你也要自己做决定，因此你有较多的练习内容。现在随着数码相机的普遍使用，很多人都是对着相片作画，这比到实地去写生方便多了，但仍然可以达到写生的目的（图4-1）。

如果决定先临摹，你可以临摹下面的分步示范。如果决定画其他的题材，你可以参考分步示范的步骤来作画。

（二）取材

你可以考虑几个因素：1.选你喜欢的题材。2.选适合绘画的题材。有些可爱的题材或对象不一定适合于绘画。比如说，一个光影细碎的场面和一个具有大的明暗的场面相比，前者可能更适合摄影，而后者更适合于绘画。3.选适合于用水彩表现的题材——当你选这个题材的时候，你就考虑到某个部位用湿接可以表现到最佳地步，某个部位可以炫耀枯笔……

图4-1 作者在学生时代临摹的水彩画

三、作画示范

这里用实例展示作画的过程——从取景构图到上色完成。建议你按照这样的步骤做练习。

（一）停泊的船

1.照片不一定完美，可以先画小样。画面可作调整，比如船和锚杆的位置、锚杆的粗细和锚杆之间的疏密关系。

2.打铅笔轮廓。

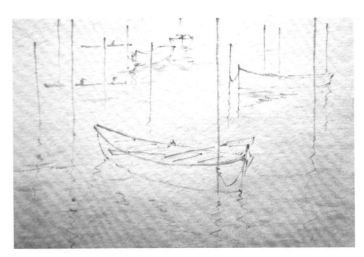

3.给水面上色，一次画出水面色彩的变化。如果色彩不到位，在颜色干了之后再上一次颜色。

4.给船的倒影上色。注意比较不同暗面之间的差别。船的倒影要一次画好，为此，事先想好倒影的大致轮廓。

5.最后画锚杆、桨、倒影和高光。全画完成。

（二）山景

1.观察照片，考虑作画方向和方法。山形不必要绝对准确，构图和色彩也可以做些调整。明暗关系基本上不变。

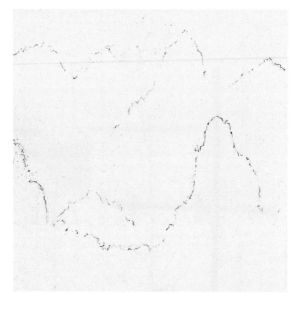

2.打铅笔轮廓，给几个山峰定位。由于物体形状很简单，轮廓可以简单些。

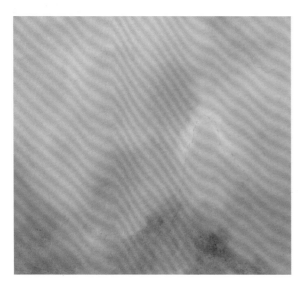

3.云雾都是没有明确形状的，用湿画法一次上色。颜色干后检查颜色是否满意（不用和照片完全一样，只要自己满意），如果需要调整，再上一遍水并加些颜色，使之达到预想的效果。

4.给较远的山峰上色。这个山峰有明确形状，但上部边界比较虚。先上水，等到水分要干时给山峰上部上色。同时在山峰下部涂水，使上部颜色流动到下部，使其逐渐变淡、变虚，可用笔帮助颜色流动。这个过程要一次完成。用同样的方法画左侧的有树的山峰。注意，山形在云雾薄的部位比较清楚，在云雾浓的部位比较虚。

5.给主峰上色，方法和前面相同。主峰是构图的中心，颜色一次调好，一次上好。注意三个山峰的明暗虚实关系：主峰最暗、最实，与周围区域的对比最强；左侧山峰次之；中上部山峰最淡、最虚，与周围区域对比最弱。最后根据构图需要加上一些虚的山峰，不必按照照片。

（三）迈锡尼狮子门（Lion Gate，Myceanae）

1.画出铅笔轮廓。在开始的阶段，把铅笔轮廓画得详细一些。

2.给天空上色。先上水，在水分半干半湿的时候上色，画出云。如果你画得不理想，不必担忧。如果你感觉画云困难，可以不画云。普鲁士蓝色调偏冷，实际的天空含有一些暖色调，调色时加少量红色。在接近地面的部分加入少量土黄色。

3.给石墙上底色，同时画出狮子的阴影。如果阴影画得不到位，不必担心，我们可以在下一步调整；颜色用深绿加熟褐加灰色。

4.画阴影，作出体积；用熟褐加灰色。

这个练习的目的是用水彩做出正确的素描关系。因此选择的对象要是单色的，以便不让色彩占据你的注意力。狮子门正是合适的题材。只给天空和人物加色彩以便使画面丰富。在这幅水彩里允许你上色技法不熟练，但要求你一定要处理好画面的素描关系。

单色水彩所选用的颜色要具有较大的明度范围，同时希望颜色比较含蓄。较暖的墨绿或深褐或者灰色常常是首选的颜色。狮子门的颜色也正好符合这个要求。在亮面可以适当加一些暖色，在阴影部分可以适当加一些冷色。

5. 然后画人，调整整个画面，加高光。全画完成。画人的时候可先用灰色作出明暗，再给皮肤和服装略加颜色。

（四）布拉格查理桥（Charles Bridge）

1.画出铅笔轮廓。建筑物和雕像的轮廓细节都很重要。为了上色时能控制好，在画轮廓时要力求准确。

2.给天空和地面上色。天空要一次到位，地面争取一次到位，但不到位也没有问题，以后画矮墙时可以再加色。

3.给建筑物上色。一次若不到位再做第二次上色，要在给雕像上色之前完成建筑物。建筑物色调的明暗要控制到位——它比天空暗，比雕像亮。

4.给雕像、矮墙和行人上色。近处的雕像和行人是画面里最暗的部分，在给矮墙上色时可以调整地面。雕像和行人从近到远逐渐变淡、变虚。

查理桥取景

5.加上街灯,加建筑细部(如屋顶上的杆子),加高光,查理桥(黑白完成稿)完成。

6.另可以给天空和行人加些颜色,使画面丰富些,查理桥(彩色完成稿)。

（五）乡村农舍

1. 画出铅笔轮廓。 按照上面的构思画出铅笔线轮廓。

2. 给天空、草地上色。由于左侧的灌木和其在草地上的阴影需要用湿接法上色，在草地的颜色未干之前给灌木和阴影上色。草地上的色彩变化尽可能一次作出。细的笔触应在底色即将干掉的时候加上去。这一步如果做得不到位，就要等到颜色完全干了之后再涂水，再上色。

3. 给远山上色，同时给小路、围墙、和远处的树木上色。这些物体的颜色不可过深，对比不可过强。 因为最深的颜色和最强的对比要留给农舍和大树。

4. 给农舍和大树上色。 这是画面里的主要物体和兴趣中心，最强的明暗对比在这里。在刻画细部的同时要注意保持农舍和大树的整体感，一定要避免细碎。屋顶虽然是背光面，但与大树相比，它是比较亮的。

J. HAN

5. 加细部，加高光，加上一个人（赋予画面尺度感，并使色彩丰富）。调整明暗关系，色彩关系，完善大树形状。

第五讲　提高水平 —— 比较丰富的题材

一、画面处理的几个问题

我们已经做了几个比较简单的水彩画练习。为了进一步提高水平，现在做更深一步的讨论。

这里先讨论四个常遇到的有关画面处理的问题，即对色彩的观察和表现、点和线的运用、树木的处理、天空的处理。在风景画里有多种多样的物体，而这里专门讨论树和天空，其原因是这两个物体的处理有其特殊性，相对于其他物体的处理也比较难一些。下面我们分别讨论这几个问题。

（一）对色彩的观察和表现

物体的色彩常常比我们看上去的要丰富，善于捕捉到丰富的色彩并把它们表现在画面里是作画的一个重要方面。

大多数人对物体色彩的习惯性的印象是物体的固有色，比如说看到砖墙是红色的，石头是灰色的，树是绿色的。物体的固有色是物体在白光照射下呈现出来的颜色，因而是大多数人的习惯的视觉反应。而我们作画的时候应当观察到物体由于各种因素的影响而呈现出来的更丰富的色彩——"感知色"。影响感知色的因素包括：1.光源的颜色——在早晨、中午以及傍晚的阳光下，物体呈现的颜色是不同的。在阴天时，或在灯光下，物体呈现的颜色也是不同的。2.其他物体对所观察的物体的反射光改变物体呈现的颜色——其他物体可以是墙面、桌面，也可以是天空。3.固有色相同的物体在近处和在远处呈现的颜色不同。这是因为空气透视的原因——一般情况下远处的物体的颜色变得偏冷、偏灰。

此外，很多物体本身的固有色也是有变化的，比如每一块砖、每一块石头都具有不同的色彩。就算是同一块石头也会有多种不同的色彩。这些都是我们作画的时候需要注意观察并表现在画面上的。让我们观察几个画面的局部（图5-1、图5-2）。

图 5-1　物体的色彩变化。一部分色彩的变化是光影造成的，一部分色彩变化是材料本身的。

在上色的时候，为了充分表现对象，或是为了使画面更有表现力，有时我们还对色彩作进一步夸张。对色彩的夸张是基于对色彩的观察，是对存在的色彩予以夸张，而不是主观的臆造（图5-3）。

无论怎样处理色彩，整个画面的协调是最基本的。在夸张色彩的时候要特别注意避免色彩凌乱，破坏画面的协调。

图5-2　天空的反射使远处的墙面含有蓝色调

图5-3　夸张的色彩使很平常的物体显得生动有趣

（二）点和线的运用

在画面里点和线能起到"活化"的作用。试看以下几个实例。

飞鸟、烟囱和窗户上的点使画面活跃。电线和电车道使画面活跃，也帮助加强空间的深度感。

虽然不是所有的题材里都能包含点或线，在可能的情况下我们可以尽量利用这个因素来活化画面，甚至在取材的时候就考虑到这个因素（图5-4、图5-5）。

图 5-4 老城街景   图 5-5 赫尔辛基街景

（三）树木的处理

在建筑或风景绘画里树木是一个常常出现的客体。大多数的树木是无定形的，而它的枝叶又形成一种特殊的质感，所以在水彩画里画树比画其他物体更需要技巧。这就是为什么在这里要讨论树的画法。一个有趣的现象是一些很有名的水彩画家常常避免画树。

有几种情况下的树比较容易画。远树只被观察到轮廓，看不到细部结构，所以容易画。形状规则的树，如针叶树、绿篱，或修剪过的树，可以当作几何形体来画，也比较容易画。在画面上以剪影形式出现的树没有体积，只需处理它的外轮廓，也比较容易画。最后，枯树也比较容易画，因为没有树叶。

比较难画的是近景或中景的阔叶树。我们之所以感觉困难是因为在观察树的时候看到它的枝叶结构非常复杂。但如果我们用分析的眼光观察树木就比较容易掌握它的结构，从而采取适当的方法把它画好。

树木的结构可以分为两个层次：第一个层次是它的体积，即它的宏观结构（图5-6）；第二个层次是树的枝叶结构，即它的细部结构。

从树干向各个方位斜上方画出树枝；树冠近似一个半球，球面有破开的部位，透过破开的部位可以看到球面的后一半在阳光的照射下形成阴影。不同树种的树冠形状不同，而且有的树冠形状不规则，但结构的模式仍然如图5-6所示。

这样画出来的树，从宏观上观察，就像树了。

现在进一步观察树枝、树叶的结构。一个枝叶组群的表面是不规则的、起伏的，边界上有零碎的枝叶，中间有空缺。这就是画家最需要花功夫的所在。在图5-7里，近树的左侧枝叶比较密集，以表现体积为主，右侧的枝叶比较稀疏，在表现体积的同时枝叶细部结构也很重要。在这幅画作里也可以看到远树的处理。

图 5-6 阔叶树的结构

图 5-7 树的枝叶

不同的画家想了很多方法来画枝叶组群的不规则的边界和零散的树叶，有的成功，有的不甚成功。其中一个可行的方法是使用已经损坏的水彩笔，再把笔头弄乱，这样可以画出不规则的树叶组群（图5-8）。

图5-9是用这个方法画的树。先用上述方法画枝叶组群，然后用树干和粗的树枝把枝叶组群组织成为树。最后，用普通的画笔在需要的部位再加一些零散的树叶。

下面的实例是树枝树叶的一些不同的处理方法。所选的实例不见得是十全十美的，但都有可取之处。画树的方法多种多样，可以是上述方法的组合或折中，也可以有更保守或者更激进的方法。但原则是：1.整个画面的风格要一致；2.表现出树的整体结构；3.按需要表现树的枝叶细部和质感（图5-10～图5-14）。

图 5-8　用破碎的笔头画树叶组群

图 5-9　用树干和粗的树枝把枝叶组群织成为树

图 5-10　主要靠树干和树枝表现树木。画完树干和树枝后淡淡地加上无定形的树叶。这种方法比较容易掌握，适合树叶不繁茂的树木。

图 5-11　只着重表现枝叶的轮廓。适当地作树叶的色彩变化。这种方法对掌握好枝叶的轮廓形状很重要，缺点是不够活泼。如果采用这种画法，整个画面必须采用相同的画法。这是关广志先生常用的方法

图 5-12　表现枝叶的轮廓，把枝叶处理得活泼些，同时也要更注意枝叶的层次

图 5-13　进一步概括树叶组群，把一个树叶组群当作一个三维的形体来处理。用笔锋和枯笔的方法表现出树叶。这种方法容易获得树的整体感，又比较活泼。这是考茨基（Kautzky）采用的方法，也是很成功的方法，这种处理和他表现建筑及其他物体的方法非常协调

图 5-14　在更活泼的画面里更自由地表现树的形状和枝叶，这是很成功的方法。但在运用时要注意不失树的整体感和立体感

（四）天空的处理

建筑或风景画里的天空可以由画家假设，只要和画面里其他部位的光影一致就可。因此很多画家都有自己惯用的处理方法，也经常选用适合他本人的惯用方法。一个有趣的现象是很多水彩画家喜欢画阴天而很少画蓝天白云。确实，蓝天白云比阴天，或是万里无云更难处理好。天空的处理的重点也就在于云的处理。下面就以实例来说明。

图 5-15 表现的是无云或几乎无云的天空，用湿画法或用渲染都很容易画好。

图 5-16 表现天空布满云彩，或只露出极小面积的蓝天，用湿画法很容易画好。

图 5-17 是阴天或雨天，阴云有形或无形，用湿画法容易画好。

图 5-18 中的云没有明确的形状，可用湿画法来表现。

图 5-19 中的云有一定的形状，但不强调，控制在水分即将干掉时画天和云。

图 5-20 有形状比较肯定的云，基本上用干画法，需要渐变的部位在涂色之后立刻用水退晕。为防止颜色过快地被纸吸收而影响渐变，最好先涂水再等到水干掉。这时纸面上没有水，但纸仍然保有一定的湿度，涂上去的颜色不会扩散，但也不会立即形成硬边界。

这个方法可以使云在某些部位有肯定的形状，而在某些部位和天融在一起。这是我们常见到的云的情况，也是在作画时最需要精心控制的情况。

图 5-21 中对于有比较肯定的形状的云，用白水彩颜料或丙烯

图 5-15

图 5-16

58

图 5-17

图 5-18

图 5-19

图 5-20

颜料，或用油画棒给云加高光。这比留空白更容易掌握。

图5-22中具有完全明确形状的云可以用干画法来画。

图5-23不强调云的形状，可以在纸面半干半湿时画天。这个方法可以充分表现水感，但要注意和画面其他部位风格一致。

选择什么样的天和云要根据画面所要表现的对象和所需要的气氛，然后决定用什么方法来画。

以上我们讨论了色彩问题、点和线的运用、树的画法和天空的画法。下面就把这些技法运用到水彩画里面去。

图5-21

图5-23

图5-22

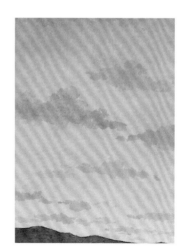

二、分步示范

（一）漓江渔舟

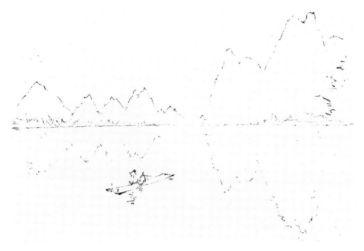

1. 先打铅笔轮廓。山形和倒影不必非常准确。渔舟的轮廓需要准确，以免上色时控制不好，损坏画面。

2. 给天空和水面上色，尽量一次到位。涂水要充分。

3. 给山和倒影上色。这里有两种方法：一是同时给山和倒影上色，并在颜色未干之前画树。图的左侧我们采用了这个方法。二是先给山上色，在颜色未干之前画树，然后再画倒影。图的右侧我们采用了第二个方法。

4. 给右侧的倒影上色，在颜色未干之前画远树，然后在颜色几乎要干时画近树。

5. 画渔舟、水波，加高光。用海绵洗出落日和水里的反光（需要用擦图片或类似工具保护周围区域）。

（二）威尼斯刚朵拉

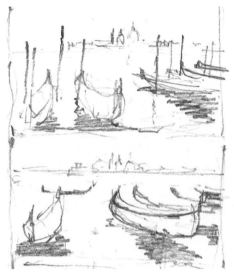

1. 考虑构图，作为前景的刚朵拉可以有不同的安排。用铅笔很容易作不同的草稿来进行比较。我选择了下面的构图。

2. 先画铅笔轮廓。

3. 给天空上色。

4. 给水上色，刚朵拉和系船桩在水里的倒影是整个画面上较暗的部分，但比船身略浅一些。要掌握好暗度。

5.给刚朵拉上色，先上上面的防护布，然后上船身。船身和系船桩是画面上最暗的部分。观察各部分的色彩、明暗关系，如果认为都处理得恰当，就做最后的"画龙点睛"——船头的装饰、系船的绳索和高光。全幅画完成。

（三）平遥古巷

1.先画铅笔轮廓。

2.给天空上色。上色顺序：先上最容易被覆盖的部分，比如天空，然后次之，比如远景，最后上最有覆盖能力的部分——比如暗的近景。这虽不是绝对的规律，却是一个可取的、安全的方法。

3.给树上色，在画树和建筑的时候要牢记在整个画面里哪些部位是最暗的和最亮的，正确地掌握各个部位之间的亮暗关系。用水彩画树（尤其是阔叶树）有很多方法。我们将在后面专门讨论。

4.给建筑物和街道上色，这一步里要用湿接法画不同部位的墙、地面和阴影。要特别注意掌握水分。另外，左、右两面的地面要分开画。

取材的考虑：

　　中国古典建筑是中国建筑师乐于表现的题材。但我们暂且避开宫殿，因为要表现宫殿的丰富的色彩和繁琐的细部的同时还求得画面的统一是不容易的。作为开始，我们选古城平遥的这条颇有韵味的古巷，色彩比较简单，也没有很多细部。我们可以集中注意力把对象画得准确，掌握好亮暗、远近、虚实、同时注意体现水彩的特点。

5. 最后画人物，加细部，调整各个部位的亮暗关系，完成。在调整各部位关系时，如果需要，可用海绵擦掉颜色，重新上色。

（四）雨天

1. 构思草图。

2. 先用铅笔画轮廓，由于雨天里物体变得模糊，铅笔轮廓不需要详细准确，给主要物体定位即可。

3. 用湿画法给天空、建筑和地面上底色，不一定达到完满地步。

4. 调整底色并把该加深的部位加深。添加建筑构件，给人物上色。

5. 画雨伞、灯柱、倒影。修饰细部，并加高光，完成。

（五）乔家大院一角

1. 用铅笔打轮廓。

2. 给亮面（天空、墙面的受光部分）上色。最好一次到位，但这时还没有机会和暗面作比较，有可能做不到一次到位，可以在以后再加颜色。

3. 给阴影上色。墙上的阴影、地面上的阴影以及左面房屋的本影颜色不完全相同。在上色时尽量体现出颜色变化，如果不能一次到位，可以以后再调整。

4. 给暗的部分上色。暗面里的变化同时用湿接作出。暗面的边界也有一部分是要和相邻部分湿接的，也在此同时作出。这时画面的大效果基本成形。

69

5. 最后画灯笼、匾额、盆栽、石狮及其他建筑细部，加高光。全画完成。

70

这幅画可以采用另一种作画步骤：先给最暗的部分（檐下部分、左侧房屋的本影）上色，然后再逐步给其他部分上色（图5-24）。这样做的好处是能很快取得画面的整体效果，同时建立最亮部分（空白）和最暗部分的色阶，使其他部分的颜色深浅都有了比较的标准。需要注意的是在以后给其他部分上色时不要使暗面颜色洇到界外。

你可以试用这个步骤继续把它完成（图5-25）。

这个方法接近于"淡彩"。"淡彩"是指在铅笔画或钢笔画上涂水彩颜色（Pencil & Wash 和 Pen & Wash）。由于物体的轮廓和光影主要是用铅笔或钢笔作出水彩的作用主要是赋予物体以色彩，因此涂色比较淡，故称"淡彩"。"淡彩"仍然属于水彩。

图 5-24 乔家大院一角——第二种作画步骤

图 5-25 完成图

三、淡彩

　　淡彩是在铅笔素描或钢笔素描上加水彩。这种方法比较容易画出物体的明确的轮廓，也容易取得较强的明暗对比。图5-26是一幅典型的钢笔淡彩画。

　　用铅笔或钢笔画出物体的轮廓（或部分轮廓）和阴影之后，画面就得到了较好的控制——或者说画面的素描关系就基本上建立起来了。这时，水彩的作用基本上只是赋予物体以颜色（图5-27～图5-30）。前面的《乔家大院一角》就清楚地说明了这个情况——在上色之前我们已经完成了很好的铅笔素描，然后上色，完成这幅铅笔淡彩画。

　　从原则上说，画面上如果有两种媒介，就必须以某一种为主而另一种为次，否则就会发生冲突。一般情况下淡彩是以铅笔素描或钢笔素描为主的。但这不是绝对

图5-26　德累斯顿某宫殿　Gustav Luttgens 作

图5-27　铅笔淡彩——舍灵顿（Sherington）商业街及原铅笔素描

图 5-28　卢卡（Lucca）街景，基本上是水彩画，只在个别部位使用了钢笔线。

图 5-29　大雁塔（由于城市改建，这个镜头现已不存在），是以钢笔线为主的例子。在这幅画里水彩只用来加高光。

的规律，有时也可以以水彩为主。淡彩画的一个要点是要使铅笔线或钢笔线和水彩相辅相成，而不是简单的叠加。

　　在你画铅笔线或钢笔线部分的时候就应当考虑到如何和下一步的水彩相配合。比如说，不画某些部分的轮廓线，而留给水彩来表现，或哪些阴影用铅笔或钢笔涂黑，哪些阴影留给水彩，从而可以作些色彩变化。

　　如果你画了很完美的铅笔素描或钢笔素描，加水彩时要特别小心，因为加水彩过多会降低原有的美感。

图 5-30　Key 桥，仍然是以钢笔画为主，但用水彩给树木、屋顶涂色，同时给桥加高光。

（一）罗腾堡街景

罗腾堡（Rothenburg）是欧洲大陆上保存最完好的中世纪城市，几乎每一条街道都很入画。这幅街景包含了塔楼、鹳鸟的巢、红陶瓦屋顶的沿街建筑、露天餐饮、商店招牌和街灯，是一幅完美的街景。用铅笔作出轮廓和光影可帮助你复习在铅笔素描课上学到的内容。

1.先用铅笔画出素描稿。运用你在素描课上学到的知识画铅笔素描。但现在是为了画淡彩，所以这张素描不必要求完美无缺，只要轮廓和大的明暗关系正确就好。此外，既然目标是淡彩，那么在画铅笔线的时候就应当考虑到如何和下一步的水彩相辅相成。比如说，忽略某些部分的轮廓线，而留给水彩来表现，某些阴影用铅笔涂黑，而留一部分阴影用水彩来表现，从而可以作些色彩变化。

图 5-31　罗腾堡街景的铅笔素描稿

Medieval Rothenburg
~ HAN

2.涂色。由于轮廓和光影都已用铅笔画好，
涂色时颜色要淡。在一个面积里不要作剧烈
的色彩变化。涂色顺序不重要，你不妨先涂
浅颜色， 后涂深颜色。

（二）虎丘

取材的考虑：

这个景包括了虎丘的几个最重要的建筑：塔、亭和幢。树木把它们组织在一起，千人石作为所有物体的底座，这样，就形成了一个很好的构图。

作画步骤：

为了准确地刻画建筑物，我们决定用钢笔淡彩。用钢笔完成物体的线、面、阴影、细部和质感，然后上色。

1.首先用钢笔画出素描关系。虽然钢笔画技法不在本书讨论范围之内，但现在涉及到用钢笔画素描，就在此简述以下几个要点：（1）用钢笔只能画线条，面是用线条的组合完成的。（2）线条要有粗细变化才能生动，为此，最好使用蘸水钢笔，依靠压力的变化得到线条粗细变化。在不需要线条粗细变化的情况下，可以使用针管笔或塑料芯绘图笔。（3）墨水有两种，防水的和不防水的。使用防水墨水画线，在上色时钢笔线不会碰到画面其他地方。有时故意要让线条求得生动的效果，这时要用不防水的墨水，但要注意控制。如果你没有经验，就使用防水墨水。这幅画使用的是防水墨水。

图 5-32　虎丘的钢笔素描稿

77

2.上色。钢笔素描已经完成了所有的轮廓、明暗、体积和质感。上色只是赋予画面以色彩，为了不破坏已有的明暗关系，色彩一定要很淡——名副其实的"淡彩"。即使如此，原有的明暗对比在上色之后有可能会变弱一些，因为原来空白的面积被加上了色彩。因此，上色之后要检查一下明暗对比。如果需要，要用钢笔把暗面再加暗。

图 5-33　虎丘的钢笔淡彩完成稿

（三）罗腾堡城门

取材考虑：

为巩固钢笔淡彩技法，再做一个练习。用钢笔画大面积的面比较困难，所以这个画面里天空没有钢笔线。这个画面里的陶瓦屋面很适合用钢笔淡彩来表现——钢笔线提供质感，淡彩提供色彩。

1.先用钢笔画出静物的素描关系。钢笔素描的工作主要在建筑物，而且不用钢笔线铺大面积的暗面，以留给水彩处理。地面只需少量钢笔线，天空只用水彩处理。

图 5-34　罗腾堡城门的钢笔素描稿

图 5-35　罗腾堡城门的的钢笔淡彩完成稿

2.上色。天空处理和一般水彩画相同，而且要处理得很简单。建筑物的陶瓦屋顶和部分墙面都已用钢笔画好，只需淡淡地上水彩颜色。建筑物的暗面用水彩涂色，注意掌握深浅。地面很简单，但要注意掌握受光面和阴影的对比度。上色之后，画面的明暗对比可能变弱。这时可用水彩或钢笔把个别部位加深，如部分窗扇、船的背光面。天空用水彩做简单的处理。

第六讲 水彩画作品赏析

　　本讲包含七十幅水彩画作品，每幅作品附有关于题材和技法的简单说明。作品粗略地分为六组：水面为主的风景、自然风景、单体建筑、建筑群或城市风光、兼有人物的风景、技术水彩。

一、以表现水面为主的风景水彩画

　　水是最能表现水感的题材，因此也是画家最喜欢画的题材。画家表现水面常常通过水里的倒影和波浪。平静的水面反映出清晰的倒影，只在被搅动的水面有波浪和破碎的倒影。水的波浪包括亮面和暗面，还有倒影和高光。掌握水面的这些因素就可以把水面表现好。表现水面的风景画的构图可以是水占五分之二、五分之三或二分之一，或是画面完全以水为主，这取决于画家的表现意图。

图 6-1　科莫湖（Lake Como）

　　这是从瓦伦纳（Varenna）岸边别墅看科莫湖，远处是阿尔卑斯山，这是一幅宁静的画面。自然的风景和人造的雕像、栏杆和石杯相互衬托。虚化的远景和有丰富造型的近景相互对比，中间还有一层中景给画面增加层次。浅色的雕像由深色的树木衬托，远处有小雕像和大雕像相呼应，这是很理想的取景。画面右侧有暗的树木给画面结尾，左侧则用半个石杯来结尾，这是严谨的构图。这样的取景和构图是精心策划的，可以说完美的取景和构图已经使绘画作品成功了一半。相对来说，绘画技法已经不是大问题了。天空用湿画法，在颜色即将干掉的瞬间画远山。画中景之前先画好雕像，然后画树木，最后画近景。杯和栏杆使用了少量不透明水彩。栏杆的复杂的图案一定要概括，否则会喧宾夺主。

图 6-2　甪直水乡

　　甪直是江南水乡里比较有代表性的一个古镇，而且近年来商业化的程度比其他几座水乡略轻。这个镜头是甪直最有代表性的镜头——水道、摇船、小桥、石头台阶。这幅画选取自上午，从画面左侧照射过来的阳光把左岸的商店以及它们的招牌和灯笼都削弱了，从而进一步减少了商业气氛。村姑摇船是构图中心，远处的另一只船和它相呼应。

图 6-3　威尼斯水街风光

　　强烈的明暗对比容易博得好感。从近到远逐渐变虚给予画面良好的深度感。小面积的
船夫和乘客的鲜明色彩反衬在大面积的灰调子的背景里，这是一种容易取得好效果的处理
方法。墙上悬出的街灯使画面上部免于空旷。

图 6-4　三只船

　　画面中的三艘船的安排是经过仔细考虑的：一艘为主，而且为主的应当
在中间；两侧的两艘船应当一大一小，它们和中间的那艘船的距离应当有差
别——一艘近些，一艘远些；两侧的船和中间一艘船的夹角可以有差别；中
间一艘船的颜色应当是暖色，两侧的两艘船的颜色可以一暖一冷，较近的应
是暖色但要和中间那艘船有区别，较远的则是冷色。水中倒影要运筹好，然
后一笔呵成。倒影的笔触给这幅画增加了趣味。

图 6-5 睡莲

　　谈到睡莲最容易使人想到印象派大师莫奈（Claud Monet），因为他在晚年画了许多他花园里的睡莲。

　　这幅画的构图和莫奈的画很不一样。这幅画名为睡莲，但睡莲只占画面的一小部分，实际上这幅画表现的风景包括天空、水面、远树等。而莫奈的"睡莲"主要就是表现睡莲本身。换而言之，莫奈是给自己出了一个难题。没有远景，没有天空，而睡莲又是零散的物体，这些对绘画都是不利因素。只有大师能应对这样的难题。

　　回到这幅画，这幅画里主要是处理远近虚实的关系，处理起来要容易得多。至于睡莲，主要是要掌握它的形状特点和分布的疏密。

　　作者选择阴天，利于表现安详宁静的气氛，同时窄长的构图会给人一个不寻常的印象。

图 6-6　漓江渔舟

　　"水似青罗带，山如碧玉簪。"优美的山形和在水里的倒影是理想的表现题材。作者选择日落时分，利于突出山的轮廓线，并且使画面色彩丰富。渔舟是最合适的近景，在远方的渔舟与近处的相呼应。同时，山脚下的树木给画面增加了层次感。

图 6-7 江南春雨

　　这幅画的取景抓住江南春天的特点：水乡、石桥、摇橹船、春雨、打伞的人们、白粉墙的房屋。摇橹船作为近景，在画面左下方，石桥和人物是中景，人物在画面的右上方，与船取得平衡。从桥洞里看到的房屋为远景，在雨里显得模糊。避免上部空旷，安排了近树。整个画面以灰色为主，只有游船上的人和打伞的人是有效面积的鲜艳色彩。

图 6-8　丁克尔斯比（Dinkelsbuhl）

　　丁克尔斯比是德国"浪漫大道"上的一座美丽的小城。它有完整的城墙，沿着城墙的城墙外面有护城河。这幅画取的是护城河的一段和两座小塔楼，这个景之所以吸引作者，是因为它的安宁的气氛和塔楼的形象。

　　但是在这个景里除了塔楼的轮廓以外没有什么戏剧性的东西——没有丰富的色彩，没有强烈的明暗对比，三月的树木是光秃秃的，灌木形象平平，水里没有植物。要把这样的画面处理好只有老老实实地刻画各个对象，没有任何取巧的方法。这幅画就是这样画出来的。看看枯树的树枝就知道这里没有取巧的方法。在有限的颜色里我们可以观察到颜色的微妙变化，从而意识到这个景比我们一眼看上去要丰富。在画面中，主要部位都是用湿接的方法上色。

图 6-9 威尼斯的刚朵拉（一）

这是威尼斯的一个有代表性的景观。近景的刚朵拉和系船桩与远景的圣乔尔基奥教堂正好形成虚实对比。

这幅画需要考虑的是视点的高度，取的视点高度是使系船桩打破水平线，但低于教堂的钟塔顶。在画近景的刚朵拉时，画出一小部分的红色坐垫，使以蓝色调为主的画面丰富起来。远方的教堂一方面要处理得虚，另一方面又希望表现一些它的内容，因为它是画面的焦点，所以在虚化的灰调子里显露出一些建筑的固有色。在近景和远景之间安排了一般刚朵拉，为画面增加了层次。

图 6-10 威尼斯的刚朵拉（二）

　　有太多的照片表现过这个角度的威尼斯。在构图上，因为画一艘刚朵拉显得孤独，所以作者选两艘刚朵拉，像是一对情侣，再加上另一艘在较远的地方作为陪衬。比较一下前面的两幅画，你可以感受到不同的气氛。这幅画有更多的水面，因此有较多表现水面的机会。

图 6-11　海边

　　我在第一讲里介绍过泰德·考茨基（Ted Kautzky）的水彩画。考茨基从不炫耀技法，而是运用他的技法忠实地为表现对象而服务。观察他用枯笔画的水面和石头：画到这个地步把对象表现得恰到好处。一些现代水彩画家倾向于夸张技法，比如夸张雨水里的倒影、夸张枯笔的效果等，这种做法也不错，因为能创造画面上的一种美感。但相比之下，考茨基的风格更淳朴。

图 6-12　平静的湖面

　　这幅是很单纯的题材——日落时平静的湖面。船和锚杆的倒影表现出湖水几乎没有波浪。安排画面时掌握明暗对比是一个重要课题。只有船和锚杆以及它们的倒影具有强烈的明暗对比。天空、云、水面以及远景都保持低调。

　　天空和水面都用湿接和湿中湿的方法来画，锚杆是用枯笔画出的。

二、以表现自然风景为主的水彩画

自然风景比人为的建筑物更多样化，也使得画面更容易活跃。在大多数自然风景画面里树木都是一个很重要的内容，因此对树木的处理非常重要。在第三讲里，我们专门讨论了树木的画法，在运用这些画法时要注意和画面里其他物体的画法相协调。比如，如果建筑物处理得很工整，树木就不可以处理得潦草。

图 6-13　秋天

　　这幅画选在树叶落掉一部分的季节，地面已被落叶覆盖，而透过树木可以看到蓝天。树干的安排是个重要课题：粗细、远近、虚实、深浅、曲直都要仔细考虑。两辆马车一远一近，互相呼应。马车是秋景的陪衬，而不是主要的表现对象，所以在画面里只能占较小的面积。

图6-14 塔司卡尼（Tascany）景色

  这幅画所选的景包含了塔司卡尼景色的主要特点：丘陵地貌、小山包上的人家和尖柏、古城的拱门。

  从近景到远山的丰富的层次是表现的要点，位于第三个层次的山包上的人家是构图的中心，它的轮廓线在画面里很突出。近景的拱门起到框景的作用。观景的女孩给画面增加了生气，也增加了色彩。

图 6-15 塞南克（Senanque）修道院

　　这座古老的修道院和前面种植的**薰衣草**是普罗旺斯的最吸引人的景观之一。

　　修道院在这幅画里不是近景，占面积也不大，但却是主要描绘的对象，因此描绘的简繁程度要好好掌握。描绘**薰衣草**要对其色彩和作为一个整体的形体用心观察，在不同阳光角度照射下它呈现的色彩会有所不同。这幅画的时间是在午后，**薰衣草**反射出暖色。穿白衣的女孩子给画面增加了生气。天空上的云有明确的形状，但要处理得柔和些。

图 6-16　两只鹿

　　这幅画名为两只鹿，　实际上是以表现风景为主。在雾蒙蒙的背景前有虚有实的树木呈现了生动的韵律。树木的安排是这幅画的要点：虚实相间，　粗细相间，间距有疏有密。前景的草地是暗的，只露出很小面积的有阳光的草地，　两只鹿就出现在这里。　这个处理使画面更引人入胜。

图 6-17　造船场

　　这幅画的对象本身并不像一座塔或一座桥那样有趣味，但画家米勒德·席茨（Millard Sheets）把颜色画得如此新鲜，如此透明，使得这幅画给人很大好感。仔细观察这幅画里的色彩：画家没有使用没有强烈对比的颜色，但微妙变化的颜色非常丰富，可以肯定画家用的是高质量的水彩颜料。

图 6-18　秋叶

　　秋叶本身就是给人好感的景象。这幅画里一部分树叶已经落下，另一部分还留在树上。树干从近到远逐渐变虚，为画面提供了深度感。蓝色的天空和红黄色的树叶形成良好的色彩对比。抱着树干仰望天空的少女是这幅画的构图中心和趣味中心，少女的蓝色衣裙和天空相呼应。

图 6-19　水木清华

　　从自清亭看水木清华，使人有一种怀旧的心情。因此这幅画表现的气氛是宁静的，没有强烈的阳光，水里没有波浪，画面上部的近树遮盖了天空，一切都在宁静之中。这个湖虽然不是荷塘月色的荷塘，近景的荷叶却让人联想到那个荷塘。

三、以表现建筑为主的水彩画

画建筑物时不仅要考虑取景和构图，还要选择建筑物最美的角度和最好的光线与阴影。画建筑物比画自然风景更要求准确性，但这不意味着要把水彩画画成建筑图。建筑物上的细部需要概括，但仍然要使读者看出那是什么部件。

图 6-20　伊瑞克仙翁神庙（Erechtheion）

伊瑞克仙翁神庙是完美无缺的建筑。问题是选什么角度，选什么光线，能把它的完美最充分地表现出来。

这幅画选择表现日落时分，选择的这个角度使部分女像柱侧面受光，有的以亮的天空来衬托，其他的由暗面来衬托。这样，女像柱本身的轮廓和它们之间的明暗变化就形成了完美的构图。

天空和建筑物之间既有明暗对比，又有色彩对比。在画面左侧安排了一位旅游家给建筑提供了尺度，也避免使画面左侧显得太空。

图 6-21　古观音禅寺一角

　　西安的古观音禅寺以它悠久的历史和那棵巨大的银杏树而闻名。这幅画包括了这两个主题。殿堂的一角包含了檐部的构件和上面的戗兽，下面悬挂的铃和灯，这比取整栋建筑更有表现力。银杏树叶恰好衬托大殿一角，远处的建筑作为大殿一角的陪衬。远处的暗部衬托亮的银杏树叶，并和檐下的暗部相呼应。

　　这幅画中的主要部分都用透明水彩画好，最后在整片的银杏树叶上用不透明水彩加一些树叶。

图 6-22 卡纳克神庙

　　卡纳克神庙是形制最大，也是最典型的古埃及神庙。柱径大于柱间距，使人感觉到空间无限，人物为神庙提供了尺度。这幅画就是表现宏伟的尺度和无限的空间，丰富的光影变化造成了神秘的气氛。

图 6-23 布鲁耶尔纪念喷泉

　　纳尔逊·蔡斯（Nelson Chase）这幅画的构图很一般。值得注意的是他用刮刀刮出喷泉的水。表现喷泉的水的方法有几种选择：1. 留出空白，2. 用不透明水彩，3. 用刮刀。显然，留出空白是非常困难的，即使不惜花时间这样做，细的水流和水滴是不可能留出来的。在画完之后用不透明水彩画水流是可以做到的，但细的水流和水滴也很难画出来。所以用刮刀是最好的选择。

图 6-24　林多斯（Lindos）

　　林多斯是希腊罗德岛上的小镇，它由海滨和古希腊神庙的废墟构成天然的美景。

　　取材的考虑是：神庙废墟、城墙废墟、海水、远山构成四个层次。神庙废墟作为近景是主要表现对象。画面中安排了一个少女，给柱子提供尺度。她的白色的衣裙使人联想到古希腊的女装。天空用湿画法，表现出颜色流动的痕迹，云彩一次完成。

图 6-25　德尔斐（Delphi）的残柱

　　爱奥尼柱头是建筑师最喜爱的题材之一。作者选择德尔斐的露天的爱奥尼柱头有两个考虑：1. 有丰富的外景；2. 残缺的柱头比完整的柱头更有趣，画完整的柱头不容易兼顾准确性和活泼性。

　　这幅作品的背景基本上是暗的，利于突出柱头。地上有很多残缺的石头构件作为陪衬。选择侧光，利于表现柱头的立体感，尤其是柱身的一个蜗卷处在阴影中。柱头和柱身微妙的色彩变化对这幅画很重要，这是画家需要注意观察的。柱头和柱身的明暗处理是另一个重要问题。柱头柱身的材料是白颜色的（发霉部分除外），没有深色的阴影，但它的体积又造成不同深度的阴影，同时呈现色彩变化。这是画家要精心掌握的。这幅画里你可以观察到柱头柱身的体积，也可以感觉到它是白色石材雕刻出来的。最后在石台上加一只小鸟，给柱头、柱身以尺度，同时使画面增加趣味。

图 6-26 寒山寺塔

选一座入画的宝塔不是很容易。我国有好几座密檐塔有很美的轮廓线，但砖塔没有大的挑檐，因之缺少阴影。在木塔里面，作者选了寒山寺塔，虽然它历史不悠久，塔顶过大过重，但大的比例是比较好的。只突出塔本身，一切其他物体都简化处理。天空没有云，但有很多飞鸟，这样处理比较符合寺庙气氛。

图 6-27　故宫角楼

　　故宫角楼是中国皇家建筑里最美的一座。它周围的环境也是北京未被破坏的少数地段之一。奇怪的是摄影师们都喜欢从河的对面取景，而没有捕捉这个角度。这里角楼、城墙、柏树以及近侧的垂柳构成一幅完美的画面。这幅画力图表现安静的气氛。仅有的两个人给物体提供了尺度，橙色的衣服和琉璃瓦相呼应。

图 6-28　沃尔泰拉（Porta dell' Arco, Volterra）的拱门

　　沃尔泰拉是塔斯卡尼的一座古城。这个城门建于公纪元前四世纪。这幅画最吸引人注意的是门洞处的强烈的光影对比。

　　石材本身具有微妙的色彩变化，阳光和阴影又使石材的色彩更加丰富。在作画时要注意观察这些丰富的色彩并在画面上加以适当的夸张——红石头画得更红些，阴影部分更偏蓝些。城门和城墙以及左侧的树木已经占据了很大的面积，所以天空的处理要简单。在城门下的旅行者起到三个作用：提供尺度，丰富色彩，增加趣味。旅行者的白帽了在暗背景的衬托下格外突出。

图 6-29　奥林匹亚的废墟

　　奥林匹亚存留的成形的东西不多。这一组废墟经过了局部修复，是奥林匹亚最完整的一组废墟，因此是奥林匹亚最能入画的景物。

　　残柱的残缺情况不一，使画面构图生动；暗的树木和浅色的废墟形成良好的明暗对比；亮的天空恰好衬托暗色的额枋（发霉造成的）。石材的表现是这幅画的要点，先用湿画法上底色并作出微妙的色彩变化，再画阴影和刻纹。树木是作为背景，但位置不很远，因此它的简繁程度要处理得适中。人物是画家有意加上去的，目的是活跃画面。人物形象参考为奥运点圣火的女郎，她和奥林匹亚废墟的场面非常协调。

图 6-30 迈锡尼狮子门

　　狮子门是迈锡尼文明保存最好的文物。作者选择的这个时间得到了最丰富的观影变化。若宏观地观察，石材料的固有色比较单一，但实际上可以观察到微妙的色彩变化，特别是狮子的那块石头含有蓝色的成分。狮子是兴趣中心，也是画面里唯一有较多细部的物体，因此是刻画的重点。女郎为建筑提供尺度并丰富画面的色彩。

图 6-31 天龙山石窟

  天龙山石窟是建于南北朝时期的重要石窟之一，原照片摄于 20 世纪 50 年代以前，现状已经比这幅画的情况残缺很多了。画面上的是第十六窟。

  虽然石窟是这幅画的兴趣中心，石窟部分却是最容易画的，而山石的表现成功与否是这幅画的关键。画山石时先用湿画法涂底色（注意观察微妙的色彩变化），此时要给亮面留出空白。接着再画阴影，后画裂痕。这是有薄云的晴天，有阳光但不强烈。因此受光面和背光面以及阴影之间的明暗反差要适度掌握。

图 6-32　清华学堂

　　这座建筑曾是清华建筑系馆，现在仍然受到建筑学院师生的喜爱。作者抱着朝圣的心情画这座建筑，因此作画时小心翼翼，只求真实，不敢做大胆的处理。

　　取景的考虑：只取中间部分，以避免画面繁杂。左侧取上一点孟莎式屋顶，以便和中间的屋顶呼应。右侧是背光面，取上一小部分就够了。两边的树木都是暗的，有利于突出学堂建筑。

　　建筑物上的细部既要忠实地刻画，又要注意不可过分突出。这是画建筑物经常遇到的问题。刻画建筑细部的简繁程度是画家要善于掌握的。

　　这幅画要表达的是安宁和怀旧的气氛，而不是欣欣向荣的气氛，因此只安排一位学生。学生的衣着和孟莎式屋顶的颜色相呼应。

图 6-33　陶尔米纳（Taormina）的古剧场

　　这是西西里岛上的最重要的古建残迹之一，晚间还常有歌剧演出。这个露天剧原来是早由希腊人在纪元前 3 世纪所建，后来被罗马人改建，所以现有的剧场带有古罗马剧场的特点。

　　作者力图表现这个剧场的全貌和它所处的环境——海岸和远处的火山。这使得作画的工作量比较大，然而对于这个题材这是不可避免的。因此作这幅画的一个重要问题就是：既要忠实表现各个局部，又要避免画面零散。从这点来说，画面的处理是成功的。

　　注意这幅画里的大的明暗关系：残柱、砖墙、洞口、地面……都有着不同的亮部和暗部，但这些局部的亮和暗都要服从于整体的亮部和暗部。

图 6-34　香堡（Chambord）

　　香堡是法国最大、最美的宫堡之一，它吸引了无数的游客和摄影师。但是当代画家不愿意画它，原因很明显：太费时间和精力。

　　表现这个题材首先就面临如何概括这座建筑的问题，因为建筑太复杂。首先，作者决定不画技术水彩，因为太费时间。然后决定不把建筑处理成为一个剪影，因为那样虽然容易画，但不能充分表现这座建筑。因此采用的方法是介于两者之间：对建筑做适当的概括。这幅画概括得是否"适当"，不同的人会有不同的看法。如果你不介意表现这座建筑，而只是以它作背景画一幅风景画，那完全可以大大地简化建筑，使它几乎成为剪影，那样很容易取得好的画面效果。职业画家很可能这样处理。

　　香堡本身虽然很美，但取景时却很难找到合适的衬景。树木和水面的位置对画家来说都是不合适的。幸运的是作者在拍照时正巧有一辆马车经过，给了作者这个构图。多云天气比烈日当空更好，因为如果建筑上有强烈的明暗对比会更不容易求得整体感。

四、表现建筑群和城市风光的水彩画

建筑群或城市风光包含了比个体建筑丰富的内容，一方面给艺术家提供了更多的发挥的场地，另一方面也给艺术家提出了一个使画面取得和谐的课题。构图上要有主有次，突出要着重表现的对象，简化次要物体。在取景时可以忽略某些有碍画面的物体，比如与环境不协调的建筑物或丑陋的工程设施 。布拉格是个非常诱人的城市。这一组就以六幅布拉格风光作为开始。

图 6-35　中午的查理大桥

布拉格号称千塔之城。众多的尖塔形成的优美的天际线是很好的表现题材。在过去若干世纪里，人们沿着查理桥（Charles Bridge）陆续建造了许多姿态丰富的圣像。以圣像为前景并且从近到远逐渐消失，又以城市的天际线为背景，就形成了很完美的构图。为了突出城市天际线和圣像的轮廓线，画面上没有画出拥挤的游客，但为数不多的行人仍然活跃了画面。

画好这幅画的要点是处理好几个层次：远处的建筑物，近一些的建筑物，从远到近的圣像和路灯，从远到近的行人。不同的层次应具有合适的明暗和虚实。

图 6-36　傍晚的查理大桥（一）

　　这幅画将色彩处理成暖调子，使画面有亲切感。

图 6-37　傍晚的查理大桥（二）

　　这幅画采用了不同的手法。既然作为背景的城市建筑具有丰富的天际线，桥上的雕像具有生动的轮廓，又提供了深度感，我们只要把这两个素材表现好就可以取得足够好的效果。其他的部分，如天空和地面，都可以处理得很简单。桥面上略加几笔阳光，使画面中部丰富起来。尽管处理简单，不同物体的色调深浅以及使用的笔触还是经过精心考虑的。

图 6-38 "千塔之城"布拉格

　　这幅画的取景是要看到尽量多的尖塔，并使高低错落、形状各异的尖塔形成优美的韵律。

　　画家描绘尖塔时把尖塔大致上分为四个层次：1.最远的，只有轮廓，非常虚，采用灰色；2.中等距离的，略有体积感，灰调子里略有建筑的固有色；3.比较近的，如实描绘但加以概括，采用比较弱的明暗对比；4.最近的，如实描绘并采用强烈的明暗对比。由于强调的是尖塔，而且尖塔本身造型很丰富，尖塔以外的屋顶都尽量简化，既减少了工作量，又避免喧宾夺主。画面中大部分的红屋顶都被晨雾掩盖，天空的处理应当很简单，表现颜色的流动痕迹就足够了。

图 6-39 布拉格狂想曲

　　这幅画把布拉格最有代表性的尖塔组合在一起并调整了互相的关系，用以表现这座"千塔之城"。远近虚实的安排是构图的重点。为使画面生动有趣，画家安排了一位趴在屋顶上的少女。

图 6-40　苏州雨巷

　　苏州市的很多地方已经现代化了，只有在一些小巷子里还能找到苏州原有的风味。

　　作者选了这条最有老苏州风味的巷子。雨天更加强了这种味道：人们打着伞走在巷子里，两边是白粉墙和灰瓦的房子。

　　注意人物的疏密关系、高矮关系、远近关系和雨伞的色彩关系。地面的积水是雨天的另一个标志。雨水里的倒影是模糊的，不同于湖水里的倒影。

图 6-41　李庄街景

　　抗日战争时期中央营造学社、同济大学，以及其他一些文化机构迁到此地。这段历史再加上此地原有的古迹，使它成为有吸引力的旅游点。

　　但对于画家，最有吸引力的还是古老的街道，如这幅画的取景。两旁建筑的上层悬挑出米，使街道上方只露出很窄的天空。这种情况造成的明暗效果是街道的特点，也是这幅画表现的重点。当然，这幅画的取景还抓住了古街道的其他特点：当地建筑，商店招牌和灯笼，石板路和当地居民。位母亲带着孩子走过街道是恰当的构图安排，母亲的绿色旗袍反衬在棕色的建筑之前，给画面以增色。

图 6-42　圣马可广场

　　建筑师不仅喜爱圣马可广场，而且还欣赏那些不同历史时期的建筑风格、空间的安排、建筑的比例以及细部装饰。所以建筑师在画圣马可广场的时候会比画家更追求建筑的准确度。这幅画里非常注意建筑物的准确性，因此，这幅画接近于技术水彩。钟塔是主体，尽量刻画得精细；教堂是远景，需要适当地简化，明暗对比也要减弱，但建筑比例仍然要绝对准确；门廊用来框景，用暗色调；图书馆和总督府都取到一部分，表达了几个建筑物之间的空间关系。

图 6-43　因斯布鲁克（Innsbruk）街景

　　因斯布鲁克是一座美丽的山城。这幅画取了其中一条有代表性的街道——街心纪念柱，有尖顶的房屋、商店、行人和其背后的山峦。深色的山峦衬托出浅色的雕像和建筑物，加强了画面的感染力。时间选择下午的雨后，最能加强山城的气氛。街道的积水造成倒影，也给画面增加了趣味。

图 6-44　平遥雨后

　　平遥古城比较完好地被保存至今。尽管游客和灯笼都偏多，古城的气氛还存在。这幅画选在雨后，建筑物和行人朦胧一些，比在光天化日之下更具有古城气氛。在街景里，人物的安排很重要，远近、疏密、步态、色彩都要精心安排。雨后的街景适合用水彩表现，所以常常是水彩画家喜欢画的题材。

图 6-45 爱丁堡（Edinburgh）

　　爱丁堡的很多建筑都是石头砌的，非常美。画面中是爱丁堡市的王子大街。观众可从近景的皇家学院看到司各特纪念塔（中景），直至尽端的国家纪念柱，这是一幅很好的构图。建筑和街道车辆从近到远、从实到虚，也是这幅画处理的重点。时间选在傍晚，建筑物在天空的衬托下显露出丰富的轮廓线。在傍晚时大部分物体都看不到细部，因此把轮廓和大的体积处理好即可。

　　大部分物体都用湿画法，车辆、灯光和行人使用少量不透明水彩。

图 6-46 从圣母院看巴黎（一）

　　巴黎有太多能入画的镜头，这只是其中一个。选这个景是为怀念这个尖塔——它在 2019 年春天遭到火毁。选这个角度包含了两个代表巴黎的主题：圣母院和塞纳河。选择非常晴朗的天气，表现轻松愉快的气氛。阳光的角度是精心选择的——使落在屋顶上的阴影恰到好处。

　　城市的风景常包含太多的物体，因此需要注意突出重点，简化其他。远处的建筑和树木要概括得好。

　　铺底色是用湿画法，底色干了之后再一点一滴地画建筑细部，这有些接近于技术水彩。要点是使细部统一在整体里面。

图 6-47　从圣母院看巴黎（二）

　　巴黎圣母院上的怪兽是巴黎的标志之一。这幅画所选的角度包括了巴黎的三个主要地标：圣母院、塞纳河、和铁塔。

　　怪兽和圣母院建筑细部作为近景，要刻画得精细——接近技术水彩。其他物体则要高度概括。比如，街区里有太多的建筑，画家要使读者看到有着很多建筑的街区，但不对各个建筑作详细的刻画。街区是作为整体出现在画面上，但又包含很多内容，而不是一块平板。这是作画的普遍规律，但在城市风景画里更为重要。

图 6-48　圣迭埃哥 (San Diego) 博览会

　　这幅画的构图体现了经典的构图规则：天空占画面的 2/5，主要的建筑物靠近画面的中心但不在正中心，主要建筑物的塔楼是画面的制高点，右侧有一个小塔陪衬主塔，桥的透视线和坡地的边界线把我们的视线带到构图的中心——主体建筑物。尖柏作为近景处理为暗色调，左侧一组重于右侧一组，尖柏、桥洞以及部分建筑的垂直线条天然地协调，阳光照射的桥和坡地在赋予画面暖色调。尖柏的高矮关系和疏密关系是精心安排的。

图 6-49 哥本哈根港口

画家在作画时对物体必然要做概括，但概括到什么地步要取决于所需要的整个画面的效果。

这幅画表现了这座港城的繁忙和热闹的气氛，因此对物体不要做很多的简化。建筑物、岸边的摊贩的棚子，最重要的是船只、船上的桅杆、绳索和它们在水里的倒影共同形成这样的氛围。选择的天气是晴天有云，物体在水里形成倒影。

相邻的建筑物用湿接法。天空的云要在半干半湿的状态下画出来：晕的受光面有明确的边界，而背光面的暗色和天空湿接。

五、兼有人物的风景水彩画

人物水彩画不在这本书的讨论范围之内。实际上在这些画里人物只居于次要地位，就像在建筑效果图里一样。也就是在同一个意义上，建筑师也需要在一定程度上善于表现人物——作为整体的人物，不是头像。

这些画，大部分都是以人物陪衬风景。因此人物的选择以及人物的姿态和服装都是根据风景的需要。

图6-50 画家在塔司卡尼

塔斯卡尼（Tuscany）不仅是塔司干柱式的故乡，而且以它的优美的景色而闻名。塔司卡尼景色的特点是丘陵地形，山包上的房屋和柏树。这幅画就是表现这些特点。

表现丘陵或山丘时注意几点：1. 物体从近到远逐渐消失；2. 色彩变化一方面来自它们本身的颜色，另一方面是由于空气透视；3. 在阳光照射下它们有本影和阴影。表现出这几点画面就不会单调了。

图 6-51　日本女郎

　　这幅画抓住了日本女郎的特点: 穿着和服,打着阳伞,一副谦恭的姿态。

　　红色的阳伞和蓝紫色调子的和服构成对比。深绿色的背景处理得很简单, 以突出人物。在这里用不透明水彩画人的皮肤更容易把控。

图 6-52 休战日在巴黎

这幅画的立意是要和某个历史事件有关，同时又想通过建筑来表现，于是选择了巴黎人纪念一战休战日的场面。

角度的选择是考虑了凯旋门、树木、灯柱和远景之间的构图关系。比如使左边的树木遮住一部分凯旋门，灯柱出现在适当的位置。这些物体本身的处理比较容易。画面中突出了旗子的色彩，其他部分都用比较含蓄的颜色。人物的处理是这幅画里最主要的，人群要形成整体，但选择一些人作重点处理：两对拥抱的夫妇、一位抱着小孩的妇女。

图 6-53　阳台

　　有丰富装饰的阳台本身就很吸引人。但为了
突出人物，白色的帽子由深色的背景衬托。衣服
和领巾采用对比色。在画面里不强调其他装饰。
所有建筑构件基本上都是浅色调。明暗对比控制
在适当程度。

图 6-54 洗衣女孩

　　这幅画以美丽的漓江风光作为背景，以洗衣女孩为前景。二者之间自然地形成远近对比、虚实对比、深浅对比、动静对比和色彩对比。画面重点是水面的表现和虚实关系的掌握。这是一种容易掌握的构图方法。

图 6-55 奥运圣火

　　如果画家要表现希腊女郎为奥运点圣火，会把奥林匹亚的废墟处理得很简单；如果建筑师要表现奥林匹亚废墟，人物会处理为陪衬。这幅画既要表现点圣火，又不想放弃对残柱的刻画，因此这幅画有费力而不讨好之嫌。因为两者都不愿放弃，在构图上就要精心安排。个体的处理相对比较容易，主要是处理好不同物体之间的虚实和明暗关系。

　　经过部分修整的菲利普二世圆厅废墟被安排在画面中间。残柱有高有低，间距有疏有密；有的以暗的树木衬托，有的突出在天空之前。女郎和废墟的相对位置富有变化：有的在柱子边缘，有的在柱宽之内，有的在柱与柱之间。女郎之间的间距各不相同。

图 6-56　遛狗的少女

　　在这幅画中，树木在画面里占很大面积。树木的枝干要精心安排，要有疏有密、有粗有细、有曲有直、有虚有实。画面表现的时间是上午，有薄雾。树木和近处的草地都是背光的，突出中间的有阳光的一小片草地和遛狗的少女。

六、技术水彩

我们在第一讲里已经介绍了技术水彩。这里展示几幅典型的技术水彩作品。虽然画家不太可能愿意花时间和精力画技术水彩，但技术水彩里使用的方法对画家会有所帮助。画家在作画时有可能从技术水彩作品里受到启发，或根据需要使用某些技术水彩使用的方法。

图 6-57　南禅寺大殿檐部

南禅寺大殿是我国现存最古老的建筑（建于唐代建中三年，公元 782 年）。它的檐部处理简朴大方，这是这幅画所要表现的重点。为求得画面的良好效果，受光区和阴影区都要避免零碎。作者力图充分表现斗拱的构造，同时还要保持檐下阴影区的完整。这是画面处理的一个要点，左侧的椽子也是同样的处理情况。

图 6-58　卡纳克（Karnak）神庙（一）

古埃及神庙的多柱大厅在阳光下形成了丰富的光影效果，这是这幅画的主要表现题材。

圆截面的巨柱用湿画法表现出体积感。注意有直射光的部分、不受照射的部分、有反射光的部分和阴影的处理。不同的阴影具有不同的色素和光度，这些取决于不同的材料、阴影的位置和阴影区的反射光。

画面里安排一位少女，给建筑提供了尺度。少女的蓝色衣裙和天空呼应。

图 6-59　卡纳克神庙（二）David Robert 作于 19 世纪 40 年代
　　这幅卡纳克神庙的目的是纪实而不是表现，所以没有强烈的明暗对比，而有很详尽的细部。色调也是以中性为主。不妨比较这两幅画的不同处理方法。

图 6-60　热那亚学堂（Universita delle Genoa）门厅

　　这是作者有特殊兴趣的一座建筑，建筑严谨的结构达到了完美的程度。这个画面所选的角度最能充分表现这个门厅的空间。它不仅包括了主要的建筑构件——楼梯、两头石雕狮子、柱廊、发券的天花、吊灯，而且充分表现了来自内院的自然光。在构图中，为避免右侧的空旷，画家安排了两位正在交谈的教授，他们的暗色调和吊灯取得呼应。画家在楼梯的顶部安排一位穿红色衣裙的女生，形成构图的中心。

图 6-61 纽约 "大中心" 火车站顶部

　　纽约市 "大中心" 火车站顶部的雕像名为 "运输"。它包括神话里的三个神：中间是商业保护神墨科瑞，左侧是大力神赫力克士，右侧是智慧女神米涅瓦。后来建造的玻璃幕墙商业楼和 "大中心" 火车站形成了古典与现代的对比，使雕像更有表现力。

　　在刻画繁多的细部时一定要掌握好整体的明暗和体积。这个画面可以看成由四个部分组成：雕像、钟、建筑檐部和背后的幕墙。雕像本身体形虽然很复杂，但在整个画面里雕像是一个整体。雕像内部的体积和明暗的表现不可以过分突出，而要服从整个画面的表现。钟是唯一有丰富色彩的部分，但要把它作为一个整体来表现，而不可以强调各种颜色的数字。

图 6-62　雅典奥林匹亚宙斯神庙废墟　H. Raymond　Bishop 作

　　作者在这幅画里所采用的色调使我们对古代遗迹产生缅怀的心情。整个画面以群青色为主，整体色调协调。在画面里占极小面积的两个人和建筑物形成鲜明的体量对比和色彩对比。这是非常聪明的画面处理方法。作者有意使群青颜料在画面上产生沉淀，从而形成雾蒙蒙的效果，更加强了古代遗迹所具有的气氛。